基于压裂检测的煤层瓦斯抽采技术

周东平　郭臣业　张尚斌　周俊杰　蒋和财　等　著

科学出版社
北　京

内容简介

本书以煤矿井下水力压裂裂缝演化和水力压裂后煤层瓦斯重新分布规律的研究为前提，综合分析了煤矿井下水力压裂对煤矿瓦斯重新分布的影响。本书选择微震监测技术和矿井瞬变电磁法两种组合物探方式，开展煤矿井下煤层水力压裂影响范围监测，方便直观地反映出煤矿井下水力压裂后的煤层气分布规律，并在此基础上介绍了水力压裂后煤层瓦斯抽采利用的优化布孔方式、封孔方式、排采工艺等技术。这些技术在煤矿井下水力压裂中已经得到成功应用。

本书可供从事煤矿井下水力压裂增透效果检测、瓦斯抽采的工程技术人员和科研人员，以及高等院校师生参考使用。

图书在版编目(CIP)数据

基于压裂检测的煤层瓦斯抽采技术 / 周东平等著. — 北京：科学出版社，2020.5

ISBN 978-7-03-064708-5

Ⅰ. ①基… Ⅱ. ①周… Ⅲ. ①煤层–瓦斯抽放 Ⅳ. ①TD712

中国版本图书馆 CIP 数据核字（2020）第 045312 号

责任编辑：李小锐 / 责任校对：彭 映

责任印制：罗 科 / 封面设计：墨创文化

科学出版社出版

北京东黄城根北街16号

邮政编码：100717

http://www.sciencep.com

成都锦瑞印刷有限责任公司印刷

科学出版社发行 各地新华书店经销

*

2020 年 5 月第 一 版 开本：B5（720×1000）

2020 年 5 月第一次印刷 印张：6 3/4

字数：150 000

定价：68.00 元

（如有印装质量问题，我社负责调换）

《基于压裂检测的煤层瓦斯抽采技术》编委会

主　编　周东平　郭臣业　张尚斌　周俊杰
　　　　蒋和财

编　委　周东平　郭臣业　张尚斌　周俊杰
　　　　蒋和财　沈大富　黄昌文　谢　飞
　　　　李　栋　王　凯　徐　涛　龚齐森
　　　　范彦阳　刘　军　刘　柯　张翠兰
　　　　刘登峰　王选琳　何　华　王小岑

前　言

我国是世界上煤与瓦斯突出灾害最严重的国家，80%以上煤层是低透气性煤层，尤其是西南地区煤层透气性极差。钻孔预抽是瓦斯治理和防突的有效措施，在区域防突措施和局部防突措施中广泛使用。传统的低渗煤储层瓦斯抽采只有依靠减小钻孔间距、增加钻探工程量、延长抽采时间等措施来实现，但抽采效果并不理想，表现为抽采浓度低、抽采达标时间长，造成煤矿采掘接替紧张、回采和掘进过程中瓦斯超限频繁，安全隐患严重，这与构建本质安全型矿井不相符合，亟须新的瓦斯增透抽采手段来突破这种困境。

近年来，煤矿井下水力压裂作为新兴的瓦斯治理技术在笔者所在的重庆市能源投资集团有限公司得到大量推广使用。煤矿井下水力压裂就是利用高压水把煤岩体压裂形成一定长度的裂缝，从而改变裂缝周围煤岩体的应力状态，形成卸压区域，增大煤体的透气性，同时还可以湿润煤体，降低煤体的力学强度和防止煤尘的污染，为高瓦斯低透气性煤层瓦斯治理提供了一种新途径。笔者自 2010 年起就煤矿井下水力压裂技术开展了大量的应用研究工作，因其效果明显，在煤矿中已被大量推广使用。该技术的应用实现了未卸压状态下的煤储层增透，从根本上打破了瓦斯抽采困难的局面。

然而，作为关键配套技术之一的煤矿井下煤层水力压裂影响范围监测技术的相关研究甚少。长期以来都是以钻孔检测验证水力压裂影响范围，而煤矿井下水力压裂后煤层瓦斯的重新分布和运移分布规律一直都不清楚，需对水力压裂后煤层瓦斯的压力、瓦斯含量的变化影响、瓦斯的重新分布规律等作进一步的研究探讨。采用钻探手段探查水力压裂影响范围，往往需要布置密集的钻孔，投入工程量较大，费时又费力，也未必能取得预期的效果。如用物探的手段进行检测(监测)，在此基础上再适当布置少量的钻孔，会收到事半功倍的效果。井下煤层水力压裂范围的判断直接决定压裂孔间距，关系到井下煤层水力压裂方案的设计和优化，影响煤层瓦斯的抽采效果，从而影响工作面回采时瓦斯的涌出以及矿井的安全，因此监测水力压裂影响范围对瓦斯抽采和矿井安全非常重要，实现水力压裂影响范围的快速划定是亟待解决的技术难题。

微震监测技术是目前比较有效、可靠性较高的一种非常规油气地面压裂裂缝监测及储集体空间描述技术，能够实时监测压裂裂缝的空间展布情况，并在国内外被广泛应用于压裂裂缝监测和油藏动态监测，因此是首选方法。

但是，在井下水力压裂区煤岩层破碎和煤层较软的情况下，压裂液会顺着目标层的破碎缝隙流动，很难引起新的破裂，微震不发育，以致监测不到微震信号，致使微震监测技术失效，因此需要考虑其他方法。考虑到压裂液与围岩(煤层)存在导电性差异，可以通过测量压裂液的分布范围来判断压裂影响范围，又考虑到矿井下的施工条件，矿井瞬变电磁法是较理想的选择。基于以上认识，采用目前最有前景的两种方法，即微震监测技术和矿井瞬变电磁法开展煤矿井下煤层水力压裂影响范围监测，并通过压裂孔两侧观测孔的水压验证，最终确定压裂范围。

本书利用理论分析和数值模拟的方法，分析了水力压裂后煤层气重新分布的规律，综合分析了煤矿井下水力压裂对煤矿瓦斯(煤层气)重新分布的影响因素。然后选择一种或者多种物探方式作为组合，方便直观地反映出煤矿井下水力压裂后的煤层气分布规律，在此基础上介绍了水力压裂后煤层瓦斯抽采利用的优化布孔方式、封孔方式、排采工艺等技术。这些技术在煤矿井下水力压裂中已经得到成功应用。

全书的整体思路、撰写大纲由周东平、郭臣业提出，共 6 章。具体分工为：第 1 章由郭臣业、谢飞、张尚斌撰写；第 2 章由周俊杰、张尚斌、王凯撰写；第 3 章由周东平、徐涛、李栋撰写；第 4 章由谢飞、蒋和财、张翠兰撰写；第 5 章由周东平、李栋撰写；第 6 章由李栋、刘柯、周东平撰写。全书由周东平统一审稿、定稿。

本书是重庆市能源投资集团有限公司企业技术中心与煤矿瓦斯防治重庆市工程研究中心的最新成果，是集体智慧的结晶，是在中央安全生产预防及应急专项资金项目(安监总财〔2016〕73 号)、重庆市科技攻关应用技术研发类重点项目(cstc2012gg-yyjsB90001)、重庆市科技攻关应用技术研发类项目(cstc2012gg-yyjs90001)、重庆市杰出青年基金项目(cstc2014jcyjjq90002)的资助下完成的。参与本书研究工作的还有刘元雪教授、沈大富教授级高级工程师、黄昌文教授级高级工程师，博士后刘晋，硕士刘军、范彦阳、王选琳，在此笔者一并表示感谢!对参与研究的合作单位重庆大学、中煤科工集团西安研究院有限公司表示感谢!笔者引用了大量的国内外参考资料，借此机会对这些文献的作者表示感谢!

由于笔者水平有限，书中难免存在不足之处，恳请读者予以指正!

目　录

第 1 章　概论 ······ 1

1.1　研究背景 ······ 1

1.2　国内外研究现状 ······ 2

1.2.1　水力压裂技术 ······ 2

1.2.2　压裂范围检测技术 ······ 7

第 2 章　煤矿井下水力压裂裂缝演化规律 ······ 9

2.1　煤矿井下水力压裂裂缝起裂机理 ······ 9

2.1.1　原岩应力场及其特点 ······ 10

2.1.2　压裂孔周围应力分布 ······ 10

2.1.3　裂缝起裂分析 ······ 14

2.2　煤矿井下水力压裂裂缝扩展规律 ······ 16

2.2.1　煤矿井下压裂模拟基础理论 ······ 16

2.2.2　煤矿井下单孔控制压裂模拟 ······ 22

2.2.3　煤矿井下多孔控制压裂模拟 ······ 27

2.3　本章小结 ······ 32

第 3 章　煤矿井下水力压裂后压裂液分布规律 ······ 33

3.1　压裂液分布的电阻率分析 ······ 33

3.2　压裂液对电阻率的影响实验 ······ 33

3.3　压裂液运移规律现场试验 ······ 38

3.4　本章小结 ······ 40

第 4 章　煤矿井下水力压裂煤层气分布规律监测技术 ······ 41

4.1　微震法裂缝演化监测技术 ······ 41

4.1.1　微震监测技术 ······ 41

4.1.2　微震监测震源定位原理及计算方法 ······ 42

4.1.3　YTZ3 井下微震监测系统 ······ 44

4.2　矿井瞬变电磁法压裂液分布检测技术 ······ 49

4.2.1　全空间瞬变电磁法探测理论研究 ······ 50

4.2.2 瞬变电磁法井下施工方法 57
4.2.3 井下干扰分析 58
4.2.4 矿井瞬变电磁法探测仪器 59
4.3 钻探法压裂影响范围探测技术 60
4.4 水力压裂影响范围的联合判定方法 60
4.5 现场工业性试验 62
4.5.1 试验地点概况 62
4.5.2 试验内容 64
4.5.3 监测技术方案 64
4.5.4 监测结果及分析 67
4.6 本章小结 76
第5章 水力压裂后抽采钻孔优化布置工艺 78
5.1 抽采钻孔优化布置工艺研究 78
5.1.1 布置原则 78
5.1.2 逐步降压巷道防超限瓦斯抽采方法 78
5.2 压裂后钻孔防喷技术 80
5.2.1 装置结构及工作原理 80
5.2.2 现场应用 82
5.2.3 试验效果分析 83
5.3 本章小结 85
第6章 水力压裂后抽采钻孔快速封孔与排采技术 87
6.1 压裂后抽采钻孔快速封孔技术 87
6.1.1 现有封孔技术存在的问题 87
6.1.2 带压快速封孔方式 87
6.2 压裂后排采工艺 89
6.2.1 压裂后排采影响因素 90
6.2.2 不同排采工艺实施方案 91
6.2.3 排水采气工程实施 92
6.2.4 压裂孔排水情况分析 93
6.3 本章小结 94
参考文献 95

第1章 概　论

1.1 研究背景

煤与瓦斯突出是在极短时间内向采掘空间喷出大量的煤岩和瓦斯，这样会摧毁巷道支架、推倒矿车、破坏通风设施，严重的会使井巷充满煤岩和瓦斯，造成人员掩埋和窒息，甚至引起瓦斯爆炸等恶性伤亡事故，是煤矿最严重的灾害之一。我国是世界上煤与瓦斯突出灾害最严重的国家。据统计，自 1950 年辽源矿业(集团)有限公司(以下简称矿务局)首次发生煤与瓦斯突出以来，全国有 300 座以上的煤矿发生了煤与瓦斯突出数万次，死亡人数逾千人。重庆地区煤炭赋存条件极差，地质构造十分复杂，瓦斯压力为 1.5～13.9 MPa，瓦斯含量为 15～25 m^3/t，煤层厚度为 0.5～3.2 m，煤层松软，f值为 0.2～0.5，煤层透气性极差，开采深度最深达 1020 m。重庆市煤与瓦斯突出矿井和高瓦斯矿井占 70%以上。重庆重点局属矿井包括原南桐矿务局、松藻矿务局、永荣矿务局、天府矿务局和中梁山矿务局共 16 对矿井，绝大多数为煤与瓦斯突出矿井，历史上煤与瓦斯突出事故频发，截至 2019 年，发生煤与瓦斯突出事故 2200 余次，瓦斯灾害事故累计死亡人数近 800 人，1000 t 以上的特大煤与瓦斯突出事故发生 35 次。1975 年三汇三矿发生煤与瓦斯突出，突出煤量 12780 t、喷出瓦斯 140 万 m^3，是我国最大的一次煤与瓦斯突出事故。瓦斯灾害是制约重庆市能源投资集团有限公司安全发展的首要因素，治理难度特别大，任务非常艰巨。

一直以来各矿井采取的密集钻孔、预裂爆破、水力割缝等瓦斯治理措施取得了一定成效，但存在有效影响范围小、工作量大、施工工艺复杂、瓦斯抽采率低等问题，难以满足目前我国矿井深部开采及瓦斯治理的需要。重庆市能源投资集团有限公司在 2010 年提出了将油气行业的水力压裂技术移植到煤矿井下防治瓦斯灾害的新思路，研发出煤矿井下水力压裂基本工艺及装备，并在下属的 10 余对矿井中进行了工业性试验，试验结果表明瓦斯单孔抽采量提高了 6～15 倍，瓦斯抽采达标时间缩短了 30%，连续 44 个月杜绝了“一通三防”人员伤亡事故，瓦斯超限次数仅为2008年的1.4%。

近年来，水力压裂技术由于煤层气和页岩气的勘探开发而成为能源开发领域的一个热点，煤矿井下水力压裂作为新兴的瓦斯治理技术，其优势日益凸显，在煤矿中已被大量接受和采用。

尽管水力压裂技术在水平井分段压裂等方面有所发展，但却并不是一种新技术，压裂影响范围监测仍然是当前研发和应用的一个重要方向。井下煤层水力压裂范围的判断直接决定着压裂孔的布设间距，关系到井下煤层水力压裂方案的设计和优化，影响煤层瓦斯的抽采效果，从而影响工作面回采时瓦斯的涌出以及矿井的安全，因此监测水力压裂影响范围对瓦斯抽采和矿井安全非常重要，是煤矿井下水力压裂关键配套技术之一。但由于目前仍未能完全掌握煤矿井下水力压裂后煤层瓦斯(煤层气)重新分布的规律，无法准确探测出水力压裂有效影响范围，实现水力压裂影响范围的快速划定是亟待解决的技术难题。

目前煤矿井下水力压裂范围监测仍采用最原始的施工钻孔探测是否出水，来判断水力压裂注入的高压水是否达到此处，以此作为判定压裂范围的依据。该探测方法不科学，探测工程量大，而且在施钻探测过程中存在安全隐患，无法有效指导抽采钻孔的布置，导致压裂范围叠加或压裂空白带等问题，严重制约了水力压裂技术的推广应用及效果，因此亟须一种行之有效的水力压裂范围与效果监测技术及工艺。

1.2 国内外研究现状

1.2.1 水力压裂技术

水力压裂技术自1947年在美国堪萨斯州试验成功[1]以来，至今已历经半个多世纪的发展，现已作为油气层增渗增产的主要措施，普遍应用于低渗油气田的开发。20世纪60年代，苏联的卡拉甘达和顿巴斯两矿区首次进行了煤矿井下水力压裂试验研究[2]。我国于20世纪80年代在阳泉一矿、白沙红卫矿进行了井下水力压裂试验，取得了一些成效，但由于当时设备能力限制及增透机理知识的缺乏，未能形成系统的技术工艺和装备[3]。随后的二十多年，煤矿井下水力压裂技术发展进入了停滞期。21世纪以来，随着我国煤炭需求量的大幅增长和开采深度的增加，瓦斯灾害成为煤矿安全生产的“第一杀手”，单一高瓦斯煤层增透成为瓦斯灾害防治的重中之重，煤矿井下水力压裂技术又重新回到科研人员的视野内，成为研究的热点。

伴随着煤矿井下水力压裂技术的飞速发展，国内外学者从理论模型、室内实验、现场试验和数值模拟等方面，对水压裂缝的起裂及扩展规律开展了大量研究。

1.理论模型

1955 年，Hubbert 和 Willis[4]提出孔壁应力集中诱发拉伸破裂理论。Haimson 和 Eaton[5]根据 Hubbert 等提出的模型，引入泊松比来预测地层破裂压力。Haimson 和 Fairhurst[6]采用热弹性力学理论建立孔隙弹性解答的最初形式。Schmidt 和 Zoback[7]考虑孔隙率及泊松比对起裂压力的影响，建立渗透岩层和非渗透岩层的起裂准则。Zhang 等[8]通过研究获得失稳角和裂缝数量对临近井眼起裂位置的影响规律。Huang 等[9]通过地应力坐标转换分析井壁应力，获得斜井的起裂压力、起裂位置和裂缝方向角与井斜角、井斜方位之间的关系。Hossain 等[10]对任意方位井筒射孔、不射孔两种情况下水压裂缝起裂压力和方向进行了研究。Anderson[11]研究认为水压裂缝能从强度大的岩石进入强度小的岩石，而不能从强度小的岩石进入强度大的岩石。Martin[12]通过分析裂缝尖端塑性效应对裂缝延伸的影响规律，建立裂缝尖端塑性区的张开半径计算模型。

在国内油气井裂缝起裂及扩展研究中，陈勉等[13]和金衍等[14]提出斜井起裂压力和起裂角的计算模型及其判据，阐述了水平裂缝和垂直裂缝的起裂机理。罗天雨[15]建立套管射孔斜井的破裂压力计算模型，提出斜井裂缝的总转向角度计算公式。付永强等[16]进行不同构造应力场下斜井和水平井压裂施工中破裂压力及裂缝起裂方向的研究。曲占庆等[17]考虑压裂液渗流影响建立了三维弹塑性斜井射孔完井地层破裂压力分析模型。张广清和陈勉[18]建立了水平井筒附近水力裂缝空间转向模型。刘建军等[19]建立水力压裂三维数学模型，给出裂缝起裂和扩展的判据和计算方法。

在煤层水压裂缝起裂及扩展方面，刘洪等[20]探讨煤岩体水压裂缝起裂和扩展的影响因素。冯彦军和康红普[21]分析受远场地应力作用及裂缝面受水压力作用下脆性岩石裂缝的起裂方向及起裂条件。杜春志等[22]分析高压水作用下煤层裂缝的扩展延伸过程。程远方等[23]系统研究多个影响因素对裂缝几何形态的影响，得到煤层压裂“T”型缝的延伸规律。魏宏超等[24]建立多裂缝模型，研究多裂缝在近井筒区域的汇合概率与延伸方向的影响因素。黄荣撙[25]提出垂直裂缝和水平裂缝的起裂判据。张国华等[26，27]建立穿层和本煤层钻孔裂缝起裂模型，指出起裂位置主要受煤岩体的最小抗拉强度和地应力侧压系数影响。卢义玉[28]、程亮等[29，30]建立倾斜煤层起裂判断准则，揭示煤层倾角、方位角对煤层起裂的影响规律。申晋等[31]建立低渗透煤岩体水压裂缝断裂扩展数学模型。

2.室内实验

Bell 和 Jones[32]以及 Abass[33]研究表明：煤岩压裂过程中水力裂缝多呈非对称分布，且裂缝面极不规则。Hanson 等[34]研究认为煤岩水压裂缝能否穿越界面主要取决于垂向压应力大小和界面性质。Hock 等[35]通过实验发现低渗透岩石压裂过程会产生放射状的裂缝分布形态。Casas 等[36]通过实验发现裂缝的止裂发生在不同材料的交界面处，并解释发生该现象的原因。Rabaa[37]发现在射孔间距大于 4 倍井眼直径、射孔方位角小于 75° 的情况下，射孔孔眼周围容易出现多条微裂缝。Abass 等[38]发现 180° 相位布孔时射孔方位和最优起裂面成 30° 夹角射孔，可保证射孔和地层裂缝具有良好的连通性。Ketteru 和 Pater[39]研究显示 90° 相位角最不利于相邻射孔间裂缝的连通，射孔最好沿 0° 或 180° 相位成直线排列。

陈勉等[40]采用大尺寸真三轴试验系统进行层状介质的水压致裂模拟试验，分析认为产层和隔层性质差异对裂缝垂向扩展有明显的止裂作用。赵益忠等[41]利用真三轴模拟压裂实验系统对不同岩心进行水压裂缝起裂及扩展模拟实验，结果表明压裂后的裂缝几何形态和压裂过程中压力随时间的变化规律均有很大的不同。周健等[42]采用大尺寸真三轴试验系统，分析不同地应力状态下裂缝的形态，对多裂缝储层内水力裂缝与多裂缝干扰后影响水力裂缝走向的各种因素进行研究，并对压力曲线特征进行分析。王国庆等[43]利用超高压大流量渗流-应力耦合试验仪进行三轴水力劈裂试验，研究水力劈裂裂缝的形成机理。姜浒等[44]进行定向射孔水力劈裂真三轴试验，得出起裂压力、裂缝转向路径随方位角的增加而增加；当围岩与井筒之间存在微环隙时，起裂压力沿着最大主应力的方向，并高于裸眼井时的起裂压力的结论。程远方等[45]利用真三轴模拟实验系统，研究水力压裂水平裂缝、垂直裂缝和复杂裂缝之间的转换条件及判断依据。

对于煤层水力压裂，黄炳香[46]在自主研制的真三轴岩体水力致裂模拟实验系统进行的水压致裂试验结果显示：水压裂缝以钻孔致裂段为中心以椭圆形向外扩展，由于渗透水压对主裂缝两侧煤体形成渗透水楔作用，致裂后的煤块裂缝和节理面等发生张开和扩展。程庆迎[47]利用大尺寸(0.5 m×0.5 m×0.5 m)真三轴实验系统研究水力压裂的扩展与水压力、注液排量、应力场、主应力差及煤岩体力学性质等的关系，研究表明裂缝扩展方向受控于应力场，且平行于最大主应力方向。杜春志[48]通过真三轴试验模拟煤层在不同的围压比和泵注排量下，水压裂缝破裂形态、扩展方向、地应力状态及泵注排量对裂缝扩展的影响。蔺海晓和杜春志[49]开展型煤试件和原煤试件拟三轴水压致裂实验，并与现场水力压裂数据进行比较分析，认为地层应力状态是影响裂缝扩展方向的主导因素，裂缝沿地应力最大主应力方向扩展，泵注流量越大，起裂压力越大。杨焦生等[50]采用大尺寸(0.3 m×0.3 m×0.3 m)真三轴试验系统研究水平主应力差、天然割理裂缝和垂向应力、界面性质及隔层对沁水盆地高煤阶煤岩水力裂缝扩展行为、形态的影响。靳钟铭等[51]在真三轴压力机上探讨软煤的裂缝演化特征，认为裂缝演化共经历扩展、加密、再扩展与再加密四个过程。

可见，室内实验与现场存在着很大差别：试件存在的尺寸效应、相似材料与真实煤岩的不一致以及无法考虑现场固液气的耦合作用，使得实验研究结果与现场水压裂缝扩展存在一定差异。

3.现场试验

邓广哲等[52]以铜川矿区九块大型原煤块进行水压致裂试验，研究水压裂缝扩展行为的控制参数。林柏泉等[53]以平煤集团十二矿为例获得水力压裂过程中裂缝起裂及扩展过程的动态变化特征。张小东等[54]以沁水盆地南部煤层气井为例，探讨裂缝形态与展布规律，提出煤层气井压裂过程中的综合滤失系数计算方法。黄炳香等[55]在现场调研煤岩体原生节理裂缝分布形态基础上，分析岩体内水压裂缝起裂的最小水压力和分支裂缝扩展后的长度。可见，受条件和成本的限制，现有煤矿井下水力压裂多以常规技术为主，鲜有学者开展新的压裂技术工艺的现场试验。

4.数值模拟

由于水压裂缝的扩展问题十分复杂，往往只能借助于建立在种种假设和简化条件基础上的数值模型进行间接分析。Chuprakov 等[56]在该方法基础上引入摩尔-

库伦准则，研究天然裂缝对水压裂缝起裂和扩展的影响。Olson[57]运用边界元方法，分析天然裂缝以及水平主应力差对压裂模型裂缝起裂和扩展的影响。师访等[58]应用扩展有限元方法分析岩石二维断裂扩展问题，并以周向应力理论为判定准则判断裂缝扩展的方向。李根等[59]建立反映岩石细观损伤演化过程的三维渗流-应力损伤耦合模型。李连崇等[60]利用 RFPA^{2D}-Flow 软件对颗粒岩石的含量、直径和主应力差与断裂模式之间的关系进行研究。赵益忠等[61]建立水力压裂动态造缝有限元模型，动态造缝在井眼周围形成类似于椭圆形分布的致密带。唐书恒等[62]采用数值模拟方法求解不同地应力条件下井壁处及天然裂缝缝端的破裂压力，分析地应力对水力压裂起裂压力、起裂位置的影响。卢义玉[63]、宋晨鹏[64]等采用 RFPA^{2D}-Flow 对裂缝扩展规律及天然裂缝、煤岩交界面的破坏机理进行研究，获得水力裂缝遇天然裂缝和煤岩交界面后的扩展规律。杨天鸿等[65]应用 RFPA^{2D}-Flow 软件对水力压裂过程中裂缝的萌生、扩展、渗透率演化规律及渗流-应力耦合机制进行模拟分析。连志龙等[66]对 Abaqus 进行二次开发，采用渗流-应力耦合模型模拟了地应力、岩石力学特性、压裂液流体特性等因素对水压裂缝扩展的影响。郭保华[67]采用 RFPA^{2D}-Flow 软件分析围压比、孔隙压力系数及非均匀性等因素对水力压裂的影响。赵延林等[68]在 FLAC^{3D} 软件上研制裂隙岩体渗流-断裂耦合分析程序。张广清等[69]通过建立三维弹塑性有限元模型，研究定向射孔水力裂缝形态的影响因素和起裂机理。

上述数值分析的研究成果，为人们认识岩石水力压裂起裂和裂缝扩展的机理，理清压裂效果的影响因素起到了积极的推动作用。但目前的水力压裂技术还很不完善，特别是煤矿井下水力压裂技术尚处于发展的初始阶段，在实施过程中存在种种问题，造成压裂效果不理想。因此，水力压裂技术还需要进一步优化，优化时需要针对水力压裂的不足之处进行改进。其中，由于压裂时高压水在煤岩中既看不见也摸不着，它的流动方向和范围一直是一个难以确定的问题。目前对于煤矿井下水力压裂高压水在煤岩中流动的研究还很少见，几乎是空白，有效、准确地掌握水力压裂的影响范围也非常困难。而水力压裂裂缝的几何形态是水力压裂设计的关键，是影响压裂效果的主要因素之一。因此，亟待开展煤矿井下水力压裂裂缝监测技术及应用研究。

1.2.2　压裂范围检测技术

目前用于地面煤层气井水力压裂影响范围监测的方法主要有微震监测技术及地面电位法(或充电法)。从方法原理和应用条件来看，地面电位法不适于煤矿井下水力压裂监测。

微震监测技术是从地震勘探行业演化和发展起来的一项跨学科、跨行业的技术，它是以地震学为基础、通过观测分析生产活动中产生的微小地震事件来监测生产活动的影响范围及地下岩体状态的地球物理勘探技术，具有远距离、长期、动态、三维、实时监测的特点。国外主要有英国、加拿大、南非、澳大利亚、波兰等生产微震监测系统，其中，加拿大的 ESG、南非的 ISS、波兰的 SOS 系统在我国矿山的应用比较广泛。南非在 20 世纪 60 年代开展了大规模的矿山微震研究，并于 20 世纪七八十年代在各采金矿山先后建立了微震监测台站。澳大利亚联邦科学与工业研究院(CSIRO)从 1992 年开始对采矿诱发的微震现象进行研究，但微震监测技术的应用始于 1994 年，主要利用微震技术来监测潜在的“三带”发育高度和了解采煤过程中煤层顶板和底板地层应力分布情况，取得了令人满意的成果。美国橡树岭国家实验室和桑地亚国家实验室分别在 1976 年和 1978 年尝试用地面地震观测方式记录水力压裂诱发的微震，由于信噪比、处理方法的限制，地面监测试验失败。与此同时，美国洛斯阿拉莫斯国家实验室开始了井下微震观测研究的现场工作，在 Fenten 山热干岩中进行了 3 年现场试验，获得了大量资料。1978 年，Hardy 等[70]成功地运用声发射技术进行了地下水力压裂裂缝的定位。1997 年，研究人员在美国得克萨斯州东部的 Cotton Valley 低渗油区进行了一次大规模综合微震监测试验，本次试验对将微震监测技术商业化起了重要作用。2000 年，微震监测技术开始商业化，研究人员在美国得克萨斯州 Fort Worth 市的 Barnett 油田进行了一次成功的水力压裂微震监测，并对 Barnett 页岩层内裂缝进行了成像。2003 年，微震监测技术全面进入商业化阶段，直接推动了美国等国家的页岩气、致密气的勘探开发进程。国内的微震监测系统主要有北京科技大学的 BMS、中国科技大学的万泰-微赛思、中煤科工集团西安研究院有限公司的 YTZ3 井下微震监测系统等。我国在 20 世纪 80 年代中期开始微震监测技术研究工作。1986 年，北京门头沟煤矿采用波兰 SYLOK 微震监测系统，对采煤区的微震进行监测研究，这是我国首次开展煤矿多通道微震监测技术研究。

1998 年，山东煤田地质局与澳大利亚联邦科学与工业研究院联合在兖州矿业集团兴隆庄煤矿首次进行“两带”监测的试验研究，结果表明微震监测技术可以有效地显示垮落带与裂隙带的区域，能够揭示采煤工作面周期来压、垮落带与裂隙带的边坡角、地下应力场的分布特征等，为该矿确定防水或防砂煤柱的合理高度提供依据。此后，姜福兴[71]、刘杰等[72]在山东新汶矿业集团华丰煤矿开展了对冲击地压、工作面顶板煤岩层破坏情况的监测，获取了包括采矿过程中煤层顶底板的破裂范围、断层活化距离以及超前支撑压力分布范围等数据。2011 年，河南焦作演马庄煤矿采用微震监测技术对瓦斯抽采钻孔进行优化，对微震监测技术应用于卸压瓦斯抽采进行了初步探讨。目前，河南义马煤业集团正在将微震监测技术作为主要技术手段，应用于逐步建立矿区、采区、工作面的综合多级监测体系，以加强对冲击地压的预测及防治。

在非常规油气藏勘探开发中，微震监测技术被广泛应用于压裂裂缝监测及压裂改造效果评价，并取得了显著效果。关于该方法的定位精度问题，尚缺乏大量经过验证的资料。李雪等[73]对胜利油田勘探开发井中的 30 多口探井监测结果做了分析，发现大部分属于下列情况：地面微地震裂缝监测的长度比压裂设计模拟长度要大；高度比压裂设计模拟高度要小；方位比通过测井计算地应力方位要小；深度的影响没有规律可循。2010 年后，中国石油集团开展了微地震震源高精度实时定位研究，现已成功研制纵横波时差法、震源速度联合反演法、四维聚焦定位等方法，通过模型正演和射孔定位验证，上述方法定位的精度误差一般小于 10 m。

总体上看，我国有关微震监测技术的研究起步较晚，尚有许多需要攻关解决的重要难题，包括微地震数据采集系统的建立、对微地震波形和产生机制的研究以及震源位置及发生时刻的精确判断等，因此，要使微震监测技术成为一种成熟的监测与预报手段，还需要做大量艰巨的工作。

第 2 章　煤矿井下水力压裂裂缝演化规律

水力压裂裂缝的形成过程即是高压水对煤层及煤层气作用的过程，直接影响着煤层气的运移路径和分布规律，因此本章对水力压裂裂缝演化规律展开研究，旨在揭示水力压裂作用下煤层气分布规律。本章模拟计算取值均由重庆现有煤矿参数而来。

2.1　煤矿井下水力压裂裂缝起裂机理

按裂缝的倾斜状况来分，煤层在水力压裂作用下所形成裂缝的基本类型有垂直裂缝和水平裂缝两种，其他类型还有斜裂缝、复合裂缝等。研究水力压裂问题，首先应该对裂缝是垂直的还是水平的做出判断。考察如图 2-1 所示的地层单元，当地层垂直应力为最小主应力（$\sigma_z = \sigma_{\min}$）且垂直抗拉强度 σ_t^v 较小时，压裂产生水平裂缝；而当地层水平应力为最小主应力（$\sigma_H = \sigma_{\min}$）且水平抗拉强度 σ_t^H 较小时，压裂产生垂直裂缝。

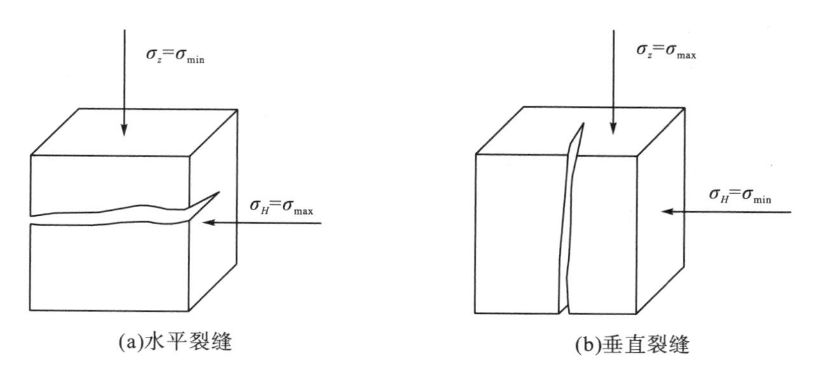

(a)水平裂缝　(b)垂直裂缝

图 2-1　裂缝类型与地应力的关系

2.1.1 原岩应力场及其特点

原岩应力是指未受人类工程活动的影响，存在于地层中的原始应力。原岩应力主要由上覆岩层的自重应力和地质构造运动所产生的构造应力两部分组成，其中自重应力是永恒存在的，而构造应力则不同，具有明显的区域性特点。除此之外，还有温度、岩层内部物理化学作用等因素，以及水和瓦斯等引起的应力，在具体分析时应根据实际情况确定。

大量实测和研究结果表明：原岩应力一般处于三轴压应力状态，三个主应力的大小一般互不相等，且其方向偏离垂直和水平方向，但偏离的角度不大。垂直方向的应力分量 σ_z 等于上覆岩体的重量，两个水平方向的应力一般与垂直方向的应力具有 λ(侧压系数)关系。据此有

$$\begin{cases}\sigma_z=\gamma h\\ \sigma_x=\sigma_y=\lambda\sigma_z=\lambda\gamma h\end{cases} \tag{2-1}$$

式中，σ_z 为垂直方向的主应力，单位为 Pa；σ_x、σ_y 分别为水平方向上的两个主应力，单位为 Pa；$\gamma=\rho g$ 为上覆岩层的岩体平均容重；ρ 为上覆岩层的平均密度，一般取 2500 kg/m^3；g 为重力加速度，一般取 9.8 m/s^2；h 为研究点距离地表的距离，即埋深。

2.1.2 压裂孔周围应力分布

由于钻孔直径与其长度和煤层厚度相比相差很大，钻孔完全处于本煤层中，可将煤体视为处于垂直地应力和水平地应力作用下的弹性均匀介质。故可将实际情况，即煤层内水力压裂的力学作用过程，抽象为图 2-2(a)所示的平面应变理论模型。其中，σ_z 为垂直地应力，λ 为侧压系数，如式(2-1)。

图 2-2(a)是不等压地应力条件下圆孔应力集中问题，可采用叠加原理求解，将其分解为如图 2-2(b)～图 2-2(d)所示的Ⅰ、Ⅱ、Ⅲ三种模型，根据应力叠加原理，有如下表达式：

$$\begin{cases}q_1-q_2=\sigma_z\\ q_1+q_2=\lambda\sigma_z\end{cases} \tag{2-2}$$

求解得

$$\begin{cases} q_1 = \dfrac{(\lambda+1)}{2}\sigma_z \\ q_2 = \dfrac{(\lambda-1)}{2}\sigma_z \end{cases} \tag{2-3}$$

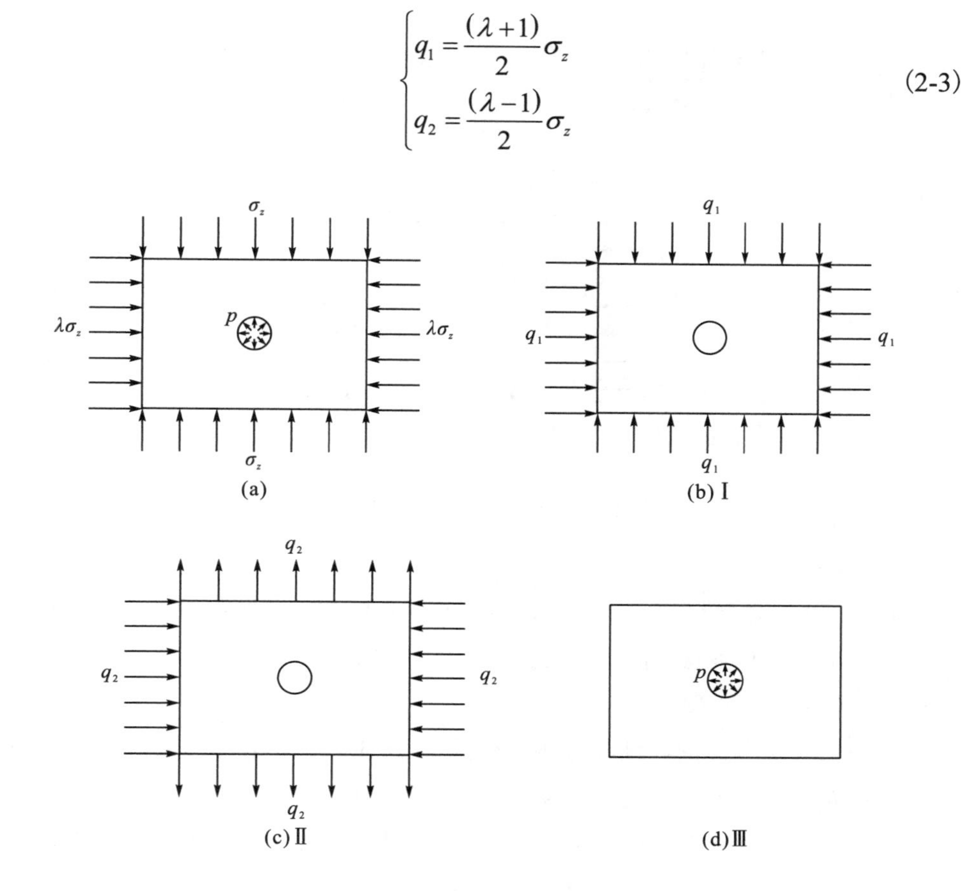

图 2-2　水力压裂理论模型

1.模型Ⅰ受力分析

对于模型 Ⅰ，上下左右均受压力 q_1，且 q_1 为正值。就直边的边界条件而言，宜采用直角坐标；就圆孔的边界条件而论，宜采用极坐标。因为此处主要考察圆孔附近的应力，所以用极坐标求解，并且首先将直边边界变换为圆边。为此，以远大于圆孔半径 r 的某一长度 R 为半径，以坐标原点 O 为圆心，作一个大圆，如图 2-3 中虚线所示。由应力集中的局部性可见，在大圆周处，例如在 A 点，应力情况与无孔时相同，也就是

$$\sigma_x = q_1;\quad \sigma_y = q_1;\quad \tau_{xy} = 0 \tag{2-4}$$

经过推导变换，最后得到孔附近应力分布表达式

$$\sigma_{\rho}=\left(1-\frac{r^{2}}{\rho^{2}}\right)q_{1};\quad \sigma_{\varphi}=\left(1+\frac{r^{2}}{\rho^{2}}\right)q_{1};\quad \tau_{\rho\varphi}=\tau_{\varphi\rho}=0 \tag{2-5}$$

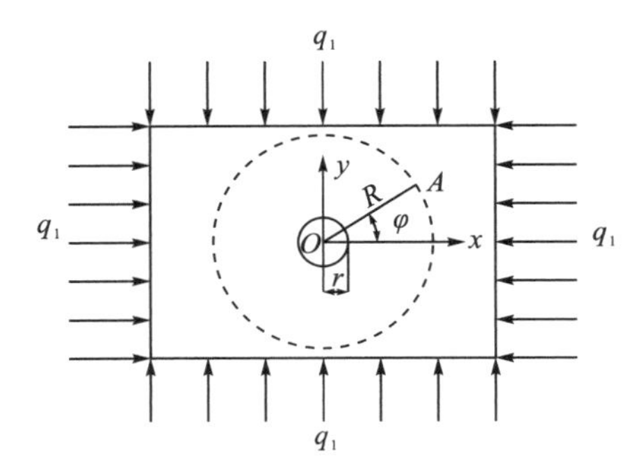

图 2-3 受均布压力圆孔周围应力场

显然有σ_{ρ}和σ_{φ}总是压应力大于 0，且圆孔附近的应力分布相对于相位(角度)独立，其水平方向和垂直方向的应力分布一样。图 2-4 给出了$\lambda=0.5$～1.5 时，不同径向应力和环向应力曲线。

由图 2-4 可见，不管是径向应力还是环向应力都随着侧压系数的增大而增大，且环向应力大于径向应力，特别是在圆孔附近区域。由压裂孔表面往深部延伸，环向应力逐渐减小，径向应力由 0 逐渐增大，直至恢复为原始地应力。

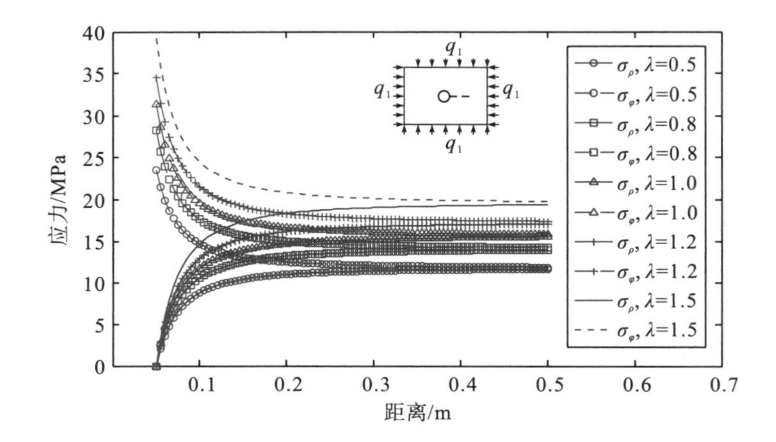

图 2-4 模型 I 压裂孔围岩内应力分布

2.模型II受力分析

对于模型II，与模型I的分析相同，在大圆周处A点，应力情况与无孔时相同。经过推导变换，最后解得孔附近应力分布表达式

$$\begin{cases}\sigma_\rho = q_2 \cos 2\varphi \left(1-\dfrac{r^2}{\rho^2}\right)\left(1-3\dfrac{r^2}{\rho^2}\right) \\ \sigma_\varphi = -q_2 \cos 2\varphi \left(1+3\dfrac{r^4}{\rho^4}\right) \\ \sigma_{\rho\varphi} = -q_2 \sin 2\varphi \left(1-\dfrac{r^2}{\rho^2}\right)\left(1+3\dfrac{r^2}{\rho^2}\right)\end{cases} \tag{2-6}$$

由图2-5可见，水平方向和垂直方向的径向应力和环向应力大小相等，但方向相反。

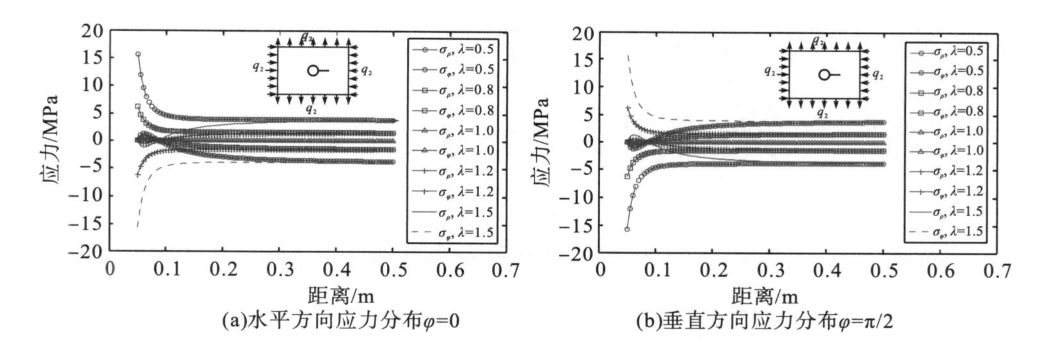

(a)水平方向应力分布$\varphi=0$　　(b)垂直方向应力分布$\varphi=\pi/2$

图2-5　模型II压裂孔围岩内水平方向和垂直方向应力分布

3.模型III受力分析

对于模型III，只有内压力(孔隙水压力)p作用，其外围应力解为

$$\sigma_\rho = \frac{\dfrac{r^2}{R^2}-\dfrac{r^2}{\rho^2}}{1-\dfrac{r^2}{R^2}}p;\quad \sigma_\varphi = \frac{\dfrac{r^2}{R^2}+\dfrac{r^2}{\rho^2}}{1-\dfrac{r^2}{R^2}}p;\quad \tau_{\rho\varphi}=0 \tag{2-7}$$

引用条件$R \gg r$，取$\dfrac{r}{R}=0$，从而将式(2-7)变为

$$\sigma_{\rho}=-\frac{r^{2}}{\rho^{2}}p;\quad \sigma_{\varphi}=\frac{r^{2}}{\rho^{2}}p;\quad \tau_{\rho\varphi}=0 \tag{2-8}$$

显然，模型III的径向应力为压应力，环向应力为拉应力。

对于只受内压力(孔隙水压力)p=20 MPa 时，其圆孔周围应力呈轴对称分布。对于$\varphi=0$和$\varphi=\pi/2$具有相同的变化趋势，如图2-6所示。

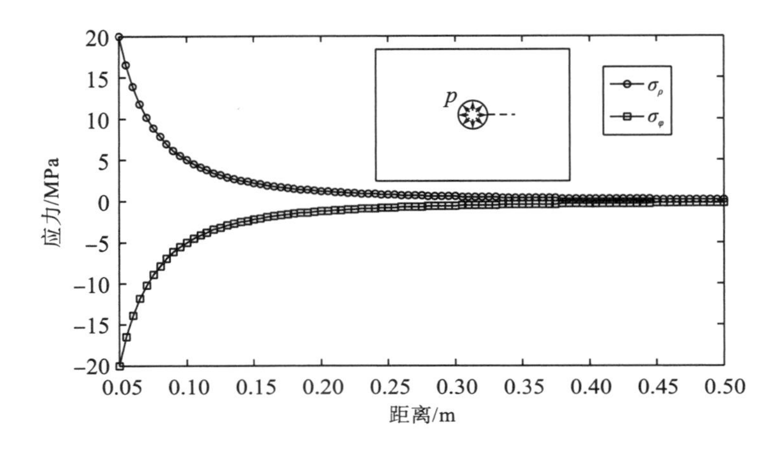

图 2-6 模型 III 压裂孔围岩内应力分布

综上所述，对于图2-2(a)所示的圆孔水力压裂模型，压裂孔周边围岩内的应力分布为

$$\sigma_{\rho}=\left(1-\frac{r^{2}}{\rho^{2}}\right)q_{1}+q_{2}\cos2\varphi\left(1-\frac{r^{2}}{\rho^{2}}\right)\left(1-3\frac{r^{2}}{\rho^{2}}\right)+\frac{r^{2}}{\rho^{2}}p \tag{2-9a}$$

$$\sigma_{\varphi}=\left(1+\frac{r^{2}}{\rho^{2}}\right)q_{1}-q_{2}\cos2\varphi\left(1+3\frac{r^{2}}{\rho^{2}}\right)-\frac{r^{2}}{\rho^{2}}p \tag{2-9b}$$

$$\tau_{\rho\varphi}=-q_{2}\sin2\varphi\left(1-\frac{r^{2}}{\rho^{2}}\right)\left(1+3\frac{r^{2}}{\rho^{2}}\right) \tag{2-9c}$$

2.1.3 裂缝起裂分析

采用水力压裂增透技术的目的是用高压水压裂煤体，使其产生裂缝和使原始裂缝张开，从而增大煤体透气性，使瓦斯渗透出来。由于煤体的抗拉强度远低于其抗压强度，所以煤体在受拉的应力状态下最容易受到破坏。由前面的理论分析

可以知道，在一定条件下压裂孔周围煤体应力将处于受拉状态，由于 $-1 \leqslant \cos 2\varphi \leqslant 1$，对于两种极限状态：

当 $\cos 2\varphi = -1$ 时，即 $\varphi = \pi/2$ 或 $\varphi = 3\pi/2$，由式(2-9b)得

$$\sigma_\varphi = (3\lambda - 1)\sigma_z - p \tag{2-10}$$

若要发生孔壁起裂，必须有

$$\sigma_\varphi < -\sigma_t \tag{2-11}$$

式中，σ_t 为煤体抗拉强度，为正值，则有

$$p > \sigma_t + (3\lambda - 1)\sigma_z \tag{2-12}$$

当 $\cos 2\varphi = 1$ 时，即 $\varphi = 0$ 或 $\varphi = \pi$，由式(2-9b)得

$$\sigma_\varphi = (3 - \lambda)\sigma_z - p \tag{2-13}$$

此时有

$$p > \sigma_t + (3 - \lambda)\sigma_z \tag{2-14}$$

在实际施工过程中，随着水压力逐渐增加，要确定哪个位置最先发生煤体开裂，取决于哪个位置最先满足起裂条件，即

$$p = \min\left[\sigma_t + (3 - \lambda)\sigma_z,\ \sigma_t + \sigma(3\lambda - 1)\sigma_z\right] \tag{2-15}$$

由式(2-15)可以看出，侧压系数在水力压裂过程中起着主要作用。特别是当 $\lambda = 1$ 时，有

$$p = \sigma_t + 2\sigma_z \tag{2-16}$$

此时，起裂压力与角度无关，起裂方向呈现出随机性。

当 $\lambda < 1$ 时，有

$$\sigma_t + (3\lambda - 1)\sigma_z < \sigma_t + (3 - \lambda)\sigma_z \tag{2-17}$$

此时，孔周煤体将沿着垂直方向起裂，并且 λ 越小，起裂压力越小。

当 $\lambda > 1$ 时，有

$$\sigma_t + (3\lambda - 1)\sigma_z > \sigma_t + (3 - \lambda)\sigma_z \tag{2-18}$$

此时，孔周煤体将沿着水平方向起裂，并且 λ 越大，起裂压力越小。图 2-7 给出了不同埋深下起裂压力随侧压系数的变化趋势。

理论分析是基于理想模型(圆孔模型)和理想材料(弹性均质材料)，其结果没有考虑煤的非均质程度和原生裂缝。另外，理论模型只能分析压裂孔周围初始应力状态，无法实现压裂过程的动态过程。因此，以下采用数值软件对水力压裂的力学作用过程作进一步分析。

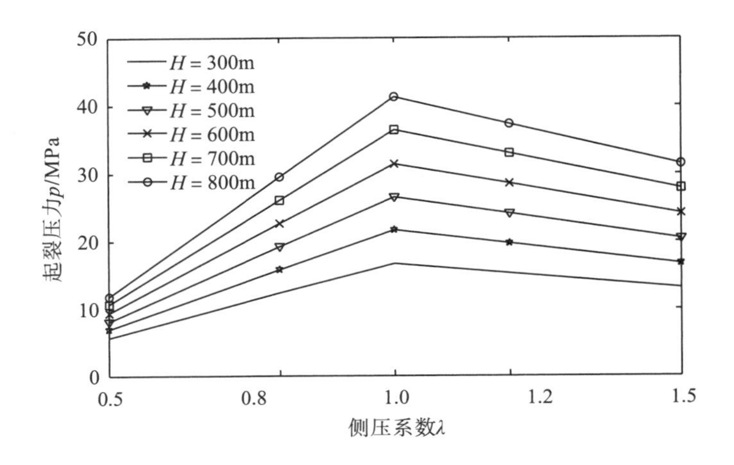

图 2-7 不同埋深下起裂压力随侧压系数的变化

2.2 煤矿井下水力压裂裂缝扩展规律

2.2.1 煤矿井下压裂模拟基础理论

水力压裂数值分析采用 RFPA^{2D}-Flow 软件进行。该软件是一个能模拟岩石介质逐渐破坏过程的数值模拟工具，其分析过程包括应力分析、渐近破坏分析、渗流分析、耦合分析等。RFPA^{2D}-Flow 基于以下假设：

(1) 岩石中渗流过程满足 Biot 固结理论和修正的 Terzaghi 有效应力原理。

(2) 岩石中细观单元体为弹脆性的并具有残余强度，它的力学行为用弹性损伤理论描述，最大拉应变准则和 Mohr-Coulomb 准则作为损伤的阈值条件。

(3) 细观单元体弹性状态下满足渗透率-应力应变函数关系，损伤破裂后渗透率增大。

(4) 岩石结构是非均匀的，组成岩石的细观单元体的损伤参量满足 Weibull 分布，见式(2-19)。

$$\phi(\alpha,m)=\frac{m}{\alpha_0}\left(\frac{\alpha}{\alpha_0}\right)^{m-1}\exp\left[-\left(\frac{\alpha}{\alpha_0}\right)^{m}\right] \tag{2-19}$$

式中，α 为材料(煤岩)细观单元的参数，如弹性模量、抗压强度、抗拉强度、泊松比、渗透率等；α_0 为细观单元的参数的统计平均值；m 为分布函数的性质参数，即均质度系数；$\phi(\alpha,m)$ 为材料基元体力学性质 x 的统计分布密度。

式(2-19)反映了某种材料(煤岩)细观力学性质非均匀性分布情况。随着均质度系数m的增加，基元体力学性质集中于一个狭窄的范围之内，表明材料(煤岩)介质的性质较均匀；而当均质度系数 m 减小时，则基元体的力学性质分布范围变宽，表明介质的性质趋于非均匀，如图 2-8 所示。

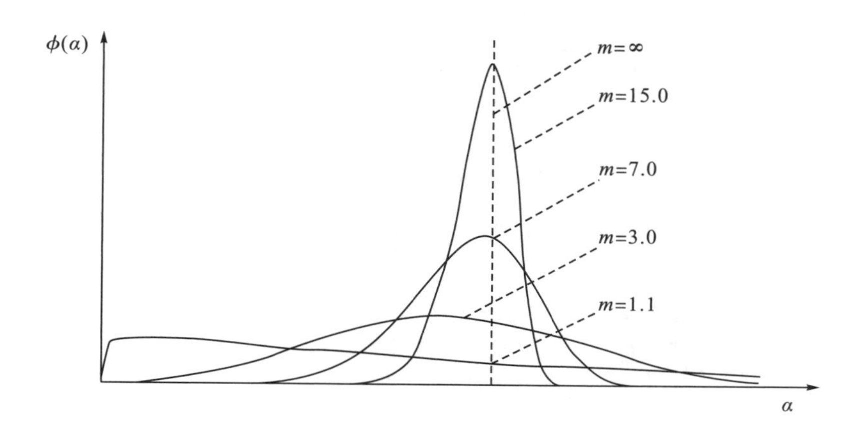

图 2-8　具有不同均质度系数材料基元体力学性质分布形式

该软件细观模型基于 Biot 固结理论和弹性损伤理论，从细观角度建立岩体-渗流耦合模型，应力-渗流耦合作用的基本方程如下。

平衡方程：

$$\sigma_{ij,j} + f_i = 0 \tag{2-20}$$

几何方程：

$$\varepsilon_{i,j} = \frac{1}{2}\left(u_{i,j} + u_{j,i}\right) \tag{2-21}$$

渗流方程：

$$K\nabla^2 p = \frac{1}{Q}\frac{\partial p}{\partial t} - \alpha\frac{\partial \varepsilon_v}{\partial t} \tag{2-22}$$

RFPA^{2D}-Flow 程序工作流程主要由以下三部分组成：实体建模和网格划分、应力计算、基元相变分析，如图 2-9 所示。

大量的现场应用与实验资料证实，实际注水压力小于理论计算值。这就为我们的理论计算模型提出了挑战。本书分析认为，引起这种情况的两个主要原因是瓦斯压力和原生裂缝：瓦斯压力的存在扩大了水力压裂的作用效果；原生裂缝的存在减小了起裂压力。

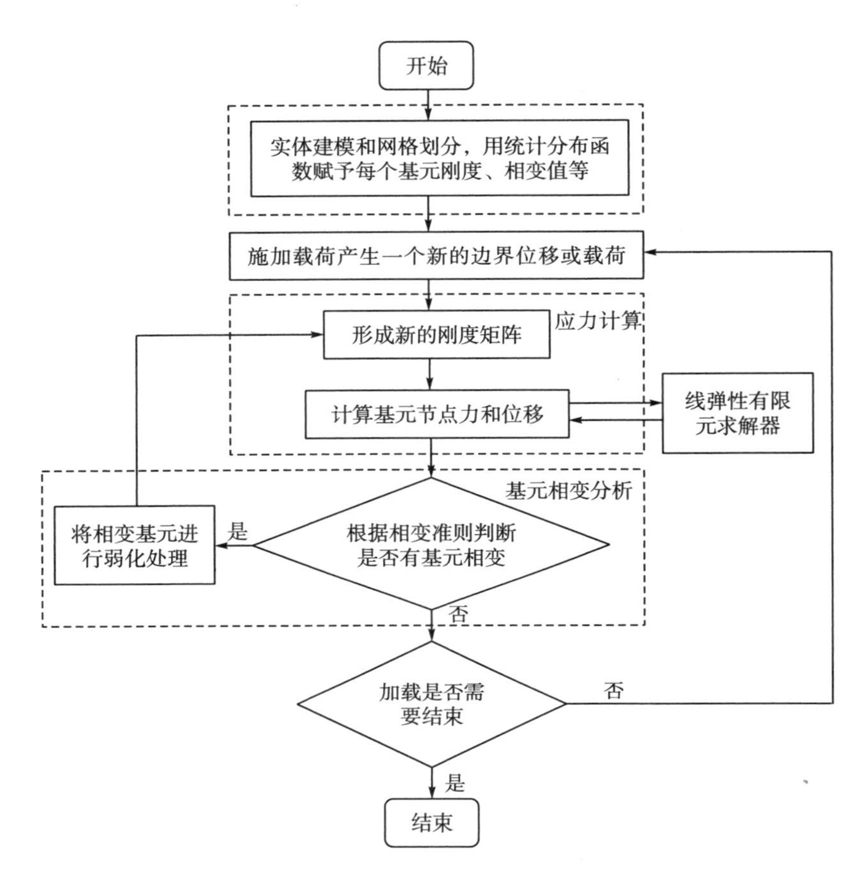

图 2-9 RFPA^{2D}-Flow 程序流程图

RFPA^{2D}-Flow 软件本身含有不同的均质度系数，可以模拟煤体的非均匀性。为了研究地应力对裂缝扩展角的影响，特设计如下模拟模型：根据侧压系数的不同取值，设计出不同地应力条件，并给出一定的初始注水压力，见表 2-1，研究压裂孔周围初始裂缝的起始角度及起裂压力，模型尺寸为 2 m×2 m，分隔为 223×223 个网格，具体的材料参数见表 2-2。

因篇幅有限，表 2-3～表 2-5 只给出了模型 5 和模型 4 相应的主应力图。

裂缝扩展角与地应力的关系与理论分析得出的结论一致，声发射的能量主要集中在扩展裂缝尖端。通过对比表 2-3、表 2-4 和表 2-5 中的裂缝图和主应力图可以发现，裂缝的产生都是由于拉力破坏，这充分体现了水力压裂作用。

表 2-1　模型参数设置

模型编号	垂直地应力 σ_z /MPa	侧压系数	水平地应力 σ_x /MPa	孔隙水压力 p/MPa	单步增量 Δp /MPa
5	20	0.5	10	10	0.5
6	20	0.8	16	20	0.5
7	20	1.0	20	20	0.5
3	20	1.2	24	20	0.5
4	20	1.5	30	20	0.5

表 2-2　材料参数

参数	值	参数	值
弹性模量-应力状态（应变状态）E/GPa	36（37.76）	泊松比-应力状态（应变状态）	0.216（0.276）
单轴抗压强度/MPa	60	厚度/m	5.0
内摩擦角	37°	均质度	4
压拉比	11	耦合系数	0.1
孔隙率	0.05	水平渗透系数	0.001
孔隙压力系数	0.8	垂直渗透系数	0.001

表 2-3　起裂方向

模型编号	理论起裂角	模拟起裂角	破坏情况	裂缝稳定扩展声发射图
5	90°或 270°	90°		
4	0°或 180°	180°	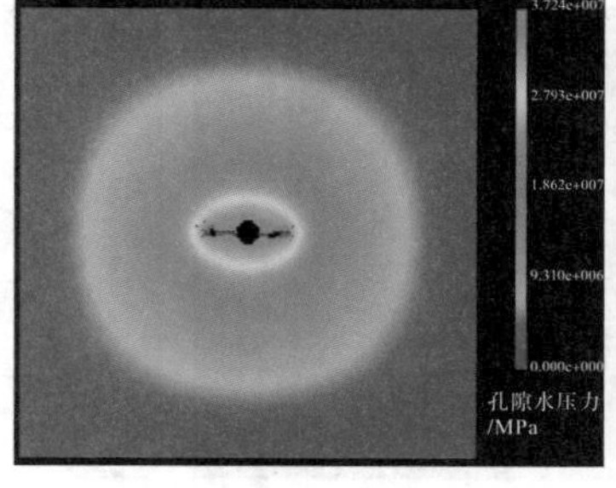	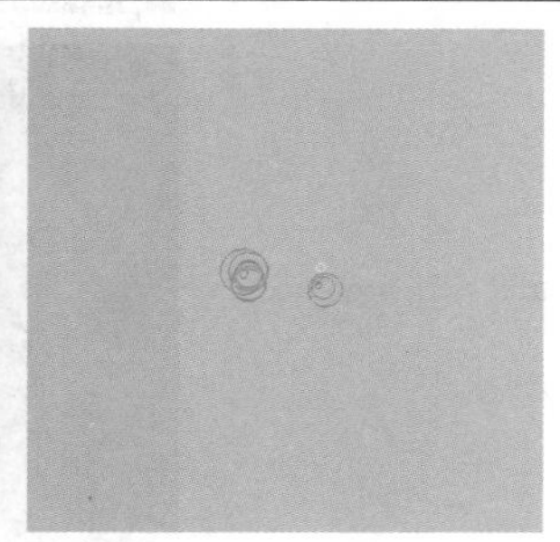

表 2-4　起裂压力

模型编号	起裂压力（计算步）/MPa	起裂孔隙水压力图	裂缝起裂最大主应力图
5	12.25（6）	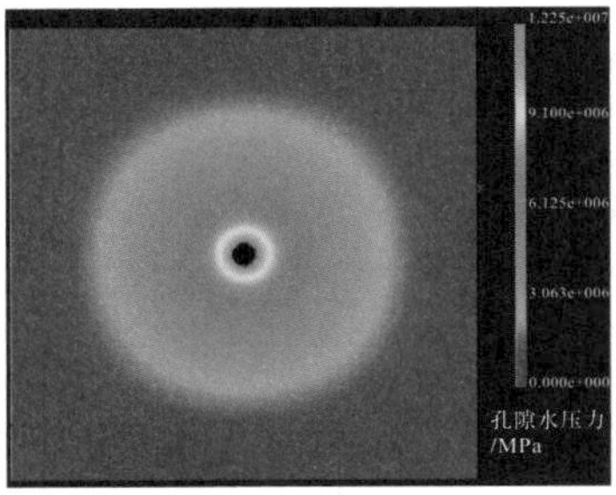	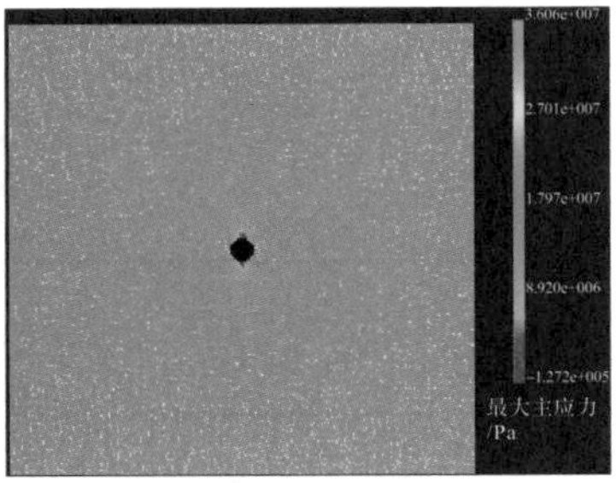
4	32.34（27）	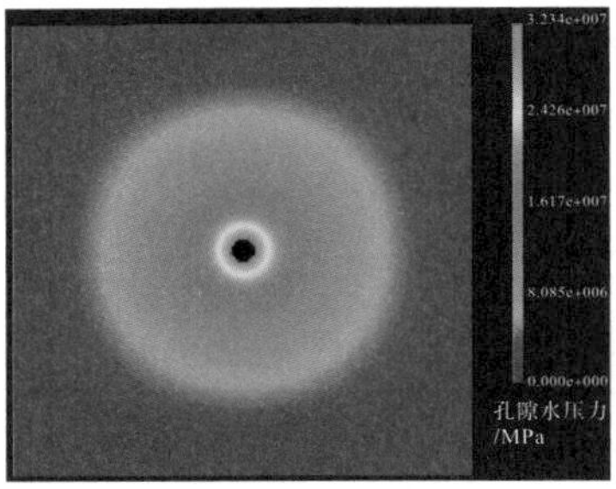	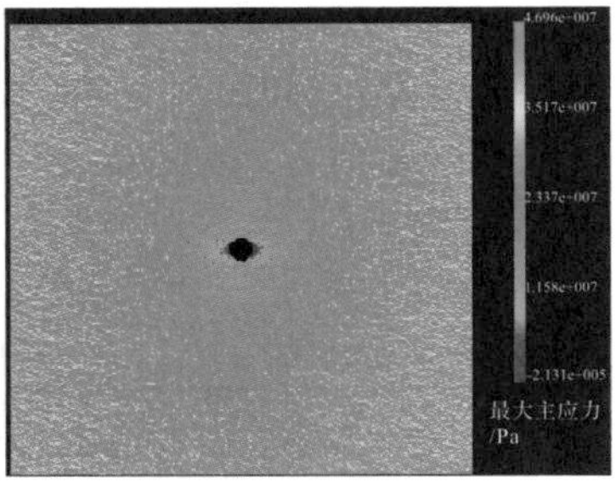

表 2-5　扩展压力

模型编号	扩展压力（计算步）/MPa	稳定扩展开始孔隙水压力图	裂缝稳定扩展最大主应力图
5	19.60（21）	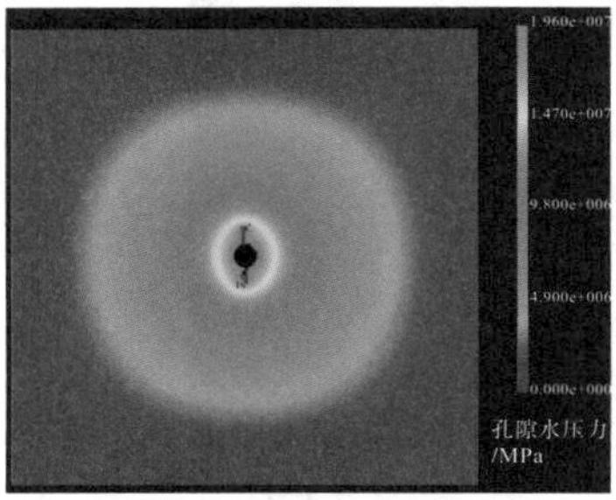	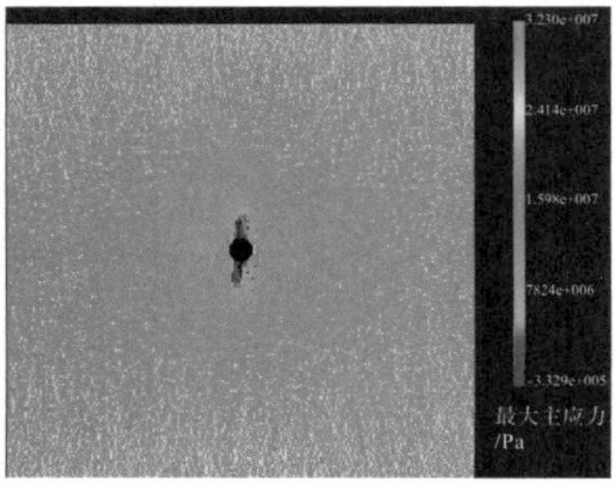
4	37.24（37）	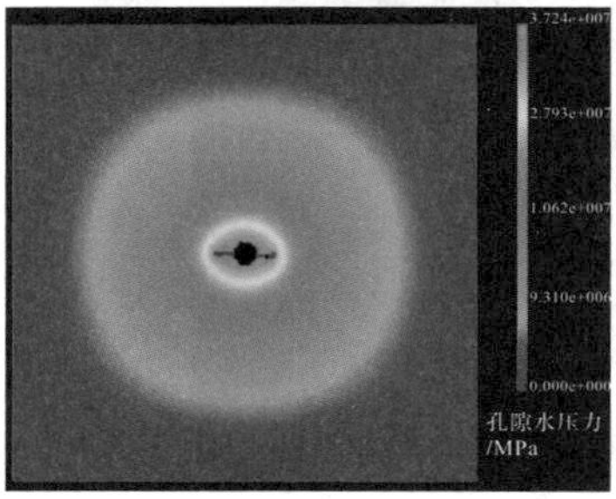	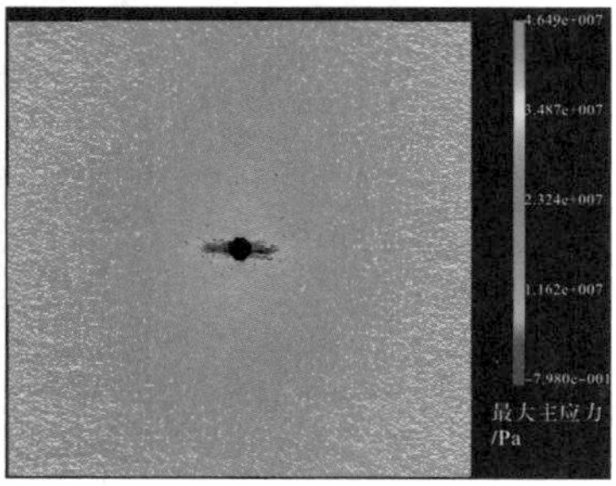

数值模拟的起裂压力和扩展压力与前文理论分析得到的起裂压力和扩展压力的比较，见表 2-6。

表 2-6　起裂压力和扩展压力与侧压系数的关系

模型编号	侧压系数	起裂压力(计算步)/MPa	扩展压力(计算步)/MPa	扩展压力高于起裂压力/%	理论计算起裂压力/MPa	理论值高于数值模拟值/%
5	0.5	12.25(6)	19.60(21)	60.00	15.45	26.12
6	0.8	25.97(14)	30.87(24)	18.87	33.45	28.80
7	1.0	35.28(33)	38.22(39)	7.70	45.45	28.82
3	1.2	36.62(35)	38.22(39)	8.33	41.45	13.10
4	1.5	32.34(27)	37.24(37)	15.15	35.45	9.12

由图 2-10 可知，每个模型的起裂压力都小于扩展压力，当 $\lambda=0.5$ 时相差最大为 60.00%，当 $\lambda=1.0$ 时相差最小为 7.70%；理论计算不同侧压系数条件下起裂压力均大于数值模拟的起裂压力，当 $\lambda=1.0$ 时相差最大，为 28.82%。另外可以明显地看出，当 $\lambda\leqslant 1$ 时，起裂压力和扩展压力均随着侧压系数的增大而逐渐增大；当 $\lambda>1$ 时，理论计算起裂压力和扩展压力均随着侧压系数的增大而逐渐减小。但是，$\lambda=1.2$ 的数值模拟起裂压力略大于 $\lambda=1.0$ 的值。

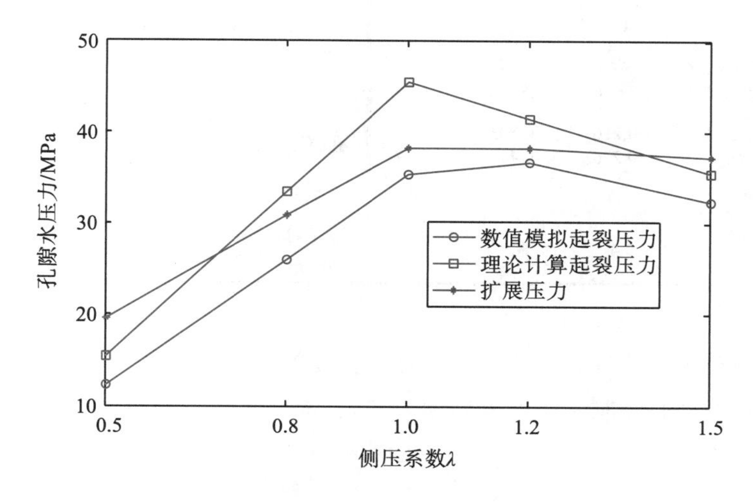

图 2-10　起裂压力和扩展压力与侧压系数的关系

2.2.2 煤矿井下单孔控制压裂模拟

根据实测数据统计，在深度小于 1500 m 的浅部，$\lambda=1\sim3$；在深度大于 1500 m 的深部，$\lambda=0.5\sim1.5$。重庆地区煤矿目前开采深度为 600～900 m，在地质构造不明显的情况下，其侧压系数一般来说大于 1，即水平地应力大于垂直地应力，压裂裂缝初始扩展方向是水平方向，故可以直接进行本煤层的水力压裂。

根据重庆地区煤矿的实际地质条件及煤层参数，并考虑到水力压裂影响范围的经验数据，设置数值计算模型见表 2-7 和表 2-8。

表 2-7　网格设置

模型高度/m	y 向单元数/个	模型宽度/m	x 向单元数/个
8.4	84	60	595

表 2-8　材料参数

参数	材料			参数	材料		
	顶板（砂质泥岩）	煤层	底板（细砂岩）		顶板（砂质泥岩）	煤层	底板（细砂岩）
厚度/m	5.0	0.9	2.5	耦合系数	0.1	0.2	0.1
单轴抗压强度/MPa	60	15	100	水平渗透系数	0.001	0.100	0.001
内摩擦角	37°	22°	42°	垂直渗透系数	0.001	0.050	0.001
弹性模量-平面应力（平面应变 E/GPa）	36.0（37.76）	3.5（3.85）	60.0（61.78）	孔隙率	0.05	0.10	0.15
泊松比-平面应力（平面应变）	0.216（0.276）	0.303（0.435）	0.17（0.205）	孔隙压力系数	0.8	1.0	0.6
压拉比	11	15	10	瓦斯压力/MPa	—	1.5	—
均质度	4	2	4	压裂孔圆心（30，2.95），半径 r=0.05 m 破坏准则：摩尔-库伦准则			

计算模拟采用平面应变模型，计算步设置为 100 步，并开启步中步。平面应力与平面应变条件下材料参数的转换公式为

$$\mu'=\frac{\mu}{1-\mu},\quad E'=\frac{E}{1-\mu^2} \tag{2-23}$$

式中，μ'、E' 为平面应变状态下的参数；μ、E 为平面应力状态下的参数。

煤层埋深取 640 m，根据不同的侧压系数，其地应力情况见表 2-9。渗流条

件设为：高压水由压裂孔注入，初始压力设为最小主应力的 90%；考虑到岩层完整，致密性、渗透性差，模型顶底板的渗流边界条件设为 0，即禁止渗流液体通过；实际煤层两侧范围很广，将其渗流边界设为 NONE，表示流体可以按照渗透性自由通过。

表 2-9　应力边界条件

模型序号	垂直地应力 σ_z /MPa	侧压系数	水平地应力 σ_x /MPa	孔隙水压力 p/MPa
Coalrock 9-1	15.68	0.5	7.84	7.02
Coalrock 9-2	15.68	0.8	12.54	11.28
Coalrock 9-3	15.68	1.0	15.68	14.11
Coalrock 9-4	15.68	1.2	18.81	14.11
Coalrock 9-5	15.68	1.5	23.52	14.11

1.裂缝形式分析

首先，为了对压裂结果和裂缝形态有个直观的认识，列出了模型稳定扩展后期步中步的第 10～12 步的孔隙水压力和最大主应力云图。由于各模型的裂缝扩张和应力分布基本一致，这里只给出 Coalrock 9-1 模型的云图，见表 2-10。从模型的孔隙水压力图可以发现，在裂缝稳定扩展后期，每一小步的计算都能明显地看到裂缝的扩展，裂缝端部压裂破碎区也逐渐扩大；孔隙压力通过压裂孔周围连通裂隙向远处逐渐降低；最大主应力的裂缝端部受拉区域也逐渐增大；随着计算的进一步进行，裂缝扩展的步距增加将逐渐增大。

由于各模型的裂缝扩张和应力分布基本一致，以 $\lambda=1.2$ 的模型 Coalrock 9-4 第 49(12)步为例，分析水力压裂后裂隙分区和应力分布情况，如图 2-11 所示。

首先，从图上可以看出水力压裂的有效区主要包括压碎区、裂隙区、裂隙张开区和受拉区。压碎区内煤体受力最大，最先被压裂，被压、被冲洗时间最长，压裂后呈碎块状，高压水通过大裂缝向外围渗透；在裂隙区，原生裂缝在水力支撑作用下被张开，并且进一步受到张拉破坏，裂缝向远处延伸，构成了水力压裂有效范围的主要区域；裂隙张开区内煤体同样受到水力支撑作用，原生裂缝被张开，但是水力压力不足以使煤体受到张拉破坏；受拉区煤体及顶板已由原来的受压应力状态转换为受拉状态，但是该拉应力还没有达到破坏煤体和顶板的大小。通过以上的分析得出，在不考虑水对瓦斯解析、流动影响前提下，水力压裂在以上四个区域均起到了增加裂缝、增大透气性和贯通瓦斯流动通道的作用。因此，煤层增透范围可以认为是压碎区、裂隙区、裂隙张开区和受拉区的范围之和。

表 2-10　Coalrock 9-1 计算云图

计算步	孔隙水压力
77(10)	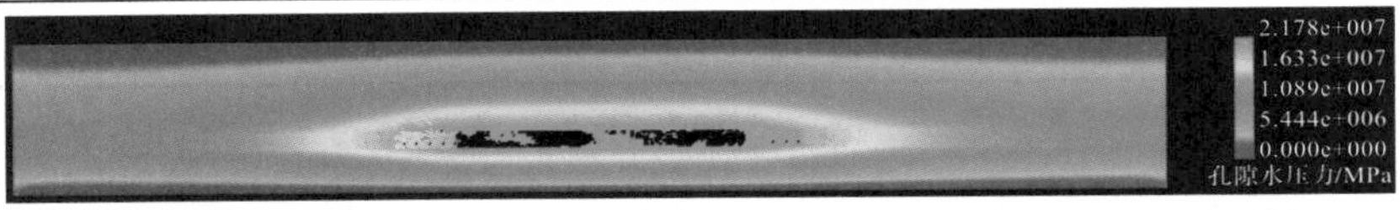
77(11)	
77(12)	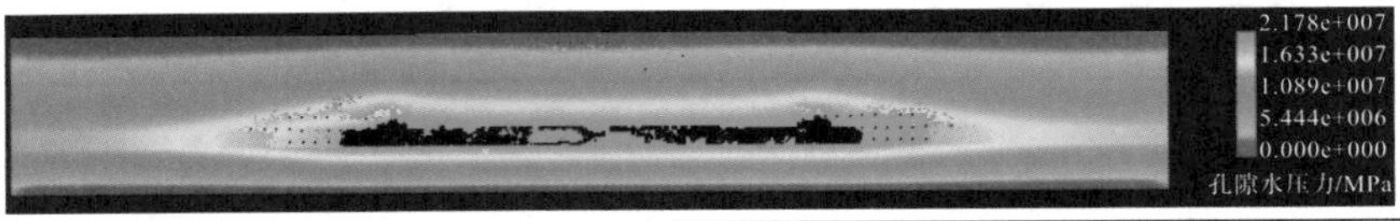
计算步	**最大主应力**
77(10)	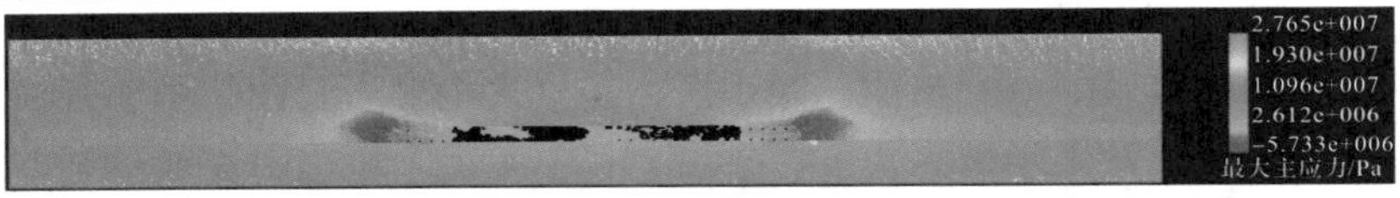
77(11)	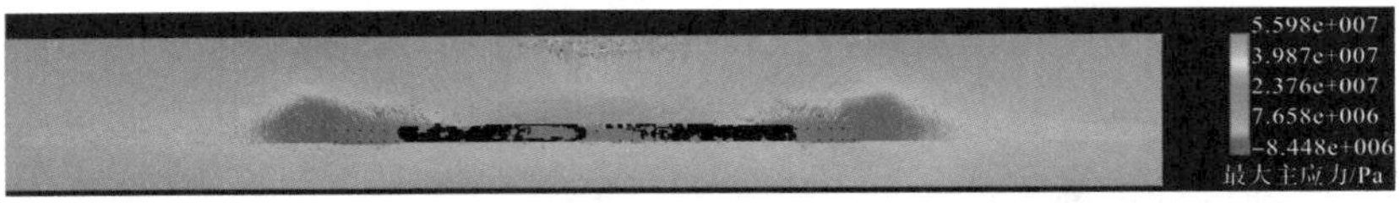
77(12)	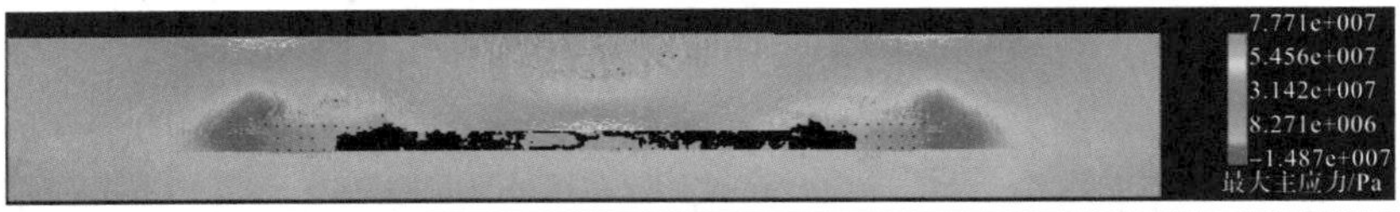

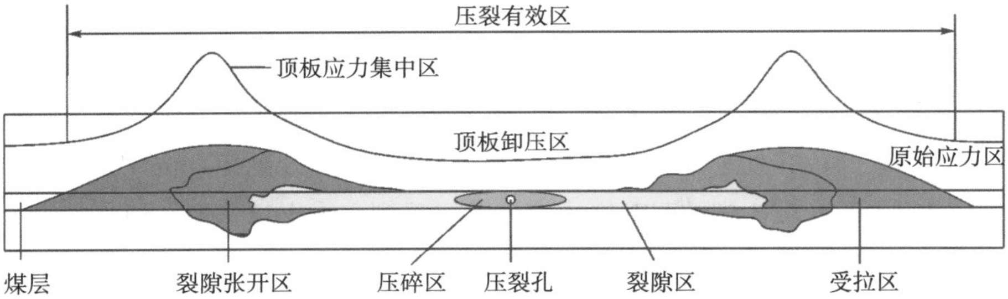

图 2-11　压裂后裂隙、应力分布图

2.裂缝参数分析

图 2-12 展示了模型 Coalrock 9-4 第 49(12)步最大主应力、孔隙水压力和 x 方向渗流量定量分析图。由图可见，各曲线之间与压裂分区具有良好的对应关系，如裂隙区内孔隙水压力恒定为裂缝稳定扩展水压力，最大主应力为零，x 方向渗流量大且受裂缝影响上下波动；裂隙张开区和受拉区内孔隙水压力和 x 方向渗流量持续稳定地减小，最大主应力在裂隙张开区内具有较小的拉应力，高压水对张开裂缝仍有支撑作用，而在受拉区内表现为较强的拉应力，并迅速回到了原岩应力状态。

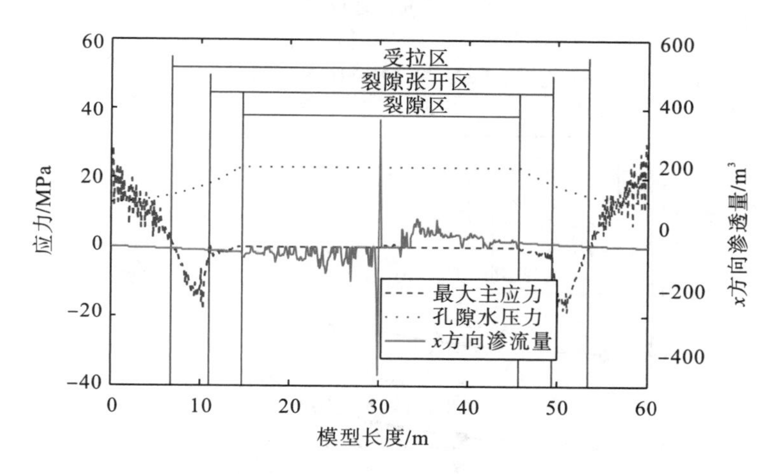

图 2-12　模型 Coalrock 9-4 第 49(12)步定量分析

根据各模型在裂缝起裂和稳定扩展特定步中步的参数及图 2-13 可以看出，理论计算值与数值模拟值具有较大差异，这与理论计算没有考虑煤层的非均质程度有很大的关系。但是，它们的变化趋势一致，即在一定范围内($\lambda<1.0$)，随侧压系数的增大，起裂压力也增大。在侧压系数 $\lambda=1.0$，即模型受静水压力时，起裂压力最大；$\lambda<1.0$ 的起裂压力总体来说比 $\lambda>1.0$ 的起裂压力小。

图 2-14 表明，在裂缝稳定扩展的过程中孔隙水压力逐步向远处转移，将促使裂缝进一步扩展。由图 2-15 可以看出，裂缝扩展速率随计算步的增加逐渐增加，从第 4 步开始出现明显的上升。图 2-16 表明，三条曲线具有明显的对应关系，即在模型受静水压力时起裂压力和裂缝长度均最大，稳定扩展压力在侧压系数为 1.2 时最大；水平压力大于垂直压力时次之；水平压力小于垂直压力时，各参数均具有最小值。

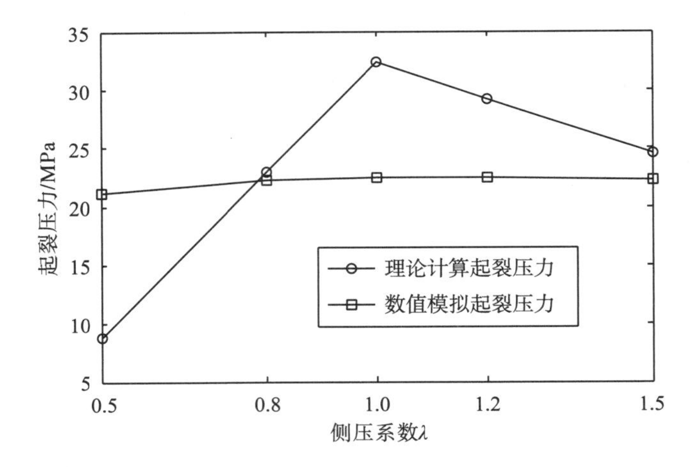

图 2-13 起裂压力与侧压系数的关系

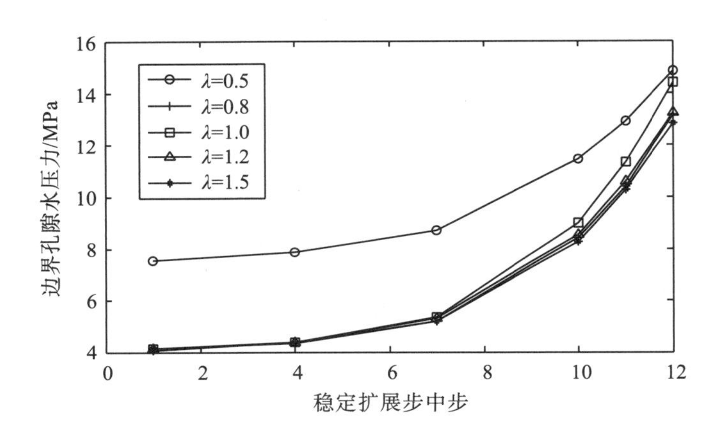

图 2-14 模型边界孔隙水压力发展情况及对比

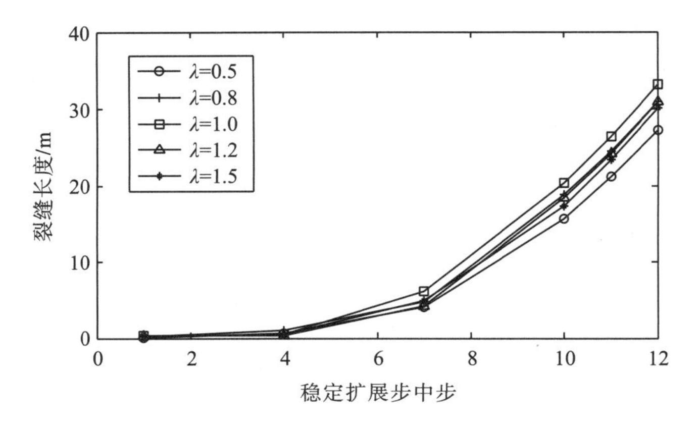

图 2-15 裂缝长度发展情况及对比

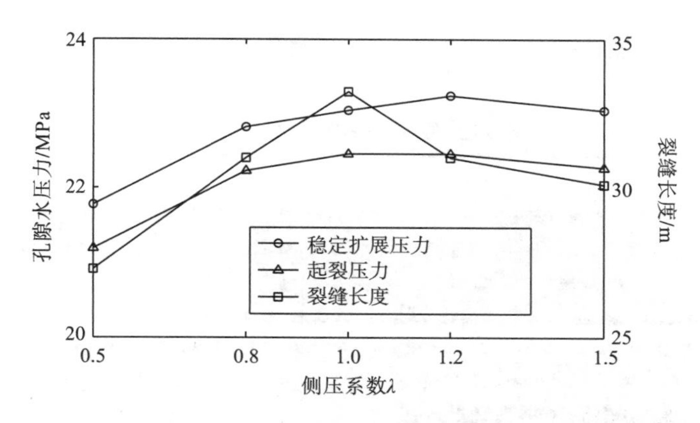

图 2-16　起裂压力、稳定扩展压力和裂缝长度与侧压系数的关系

2.2.3　煤矿井下多孔控制压裂模拟

1.本煤层双孔压裂

在多孔水力压裂问题的研究方面，除了更接近实际应用外，真实地了解现场水力压裂情况，包括裂缝扩展、水力压力大小等，对研究各压裂孔与压裂孔之间的相互作用，两孔作用范围交界处水力压力、地应力的叠加效果，以及水对瓦斯的驱赶和瓦斯的聚集范围同样具有重要意义。研究结果可以为现场设计，特别是对压裂后的瓦斯抽采设计提供最直接的指导。

本煤层双孔压裂模型与单孔压裂模型的尺寸大小、受力方式和材料参数一样。唯一区别在于双孔压裂模型中设有两个压裂孔，其中左压裂孔的坐标为(15，2.95)，右压裂孔的坐标为(45，2.95)。以下对侧压系数 $\lambda=0.5$，0.8，1.0 的 3 个模型进行研究，孔隙压力单步增量为 0.2 MPa。具体模型的相关参数见表 2-11。

表 2-11　双孔压裂模型设置

模型序号	垂直地应力 σ_z /MPa	侧压系数	水平地应力 σ_x /MPa	孔隙水压力 p/MPa	左压裂孔坐标	右压裂孔坐标
Coalrock 10-1	15.68	0.5	7.84	7.02	(15，2.95)	(45，2.95)
Coalrock 10-2	15.68	0.8	12.54	11.28	(15，2.95)	(45，2.95)
Coalrock 10-3	15.68	1.0	15.68	14.11	(15，2.95)	(45，2.95)

表 2-12 给出了三个双孔压裂模型裂缝稳定扩展第 10 步的破坏情况。由于各模型在不同破坏情况下最大主应力、最小主应力、孔隙水压力曲线图基本一致，

这里只给出 Coalrock 10-1 模型的相应曲线，如图 2-17 所示。

表 2-12 双孔压裂模型破坏情况

模型	稳定扩展第 10 步
10-1	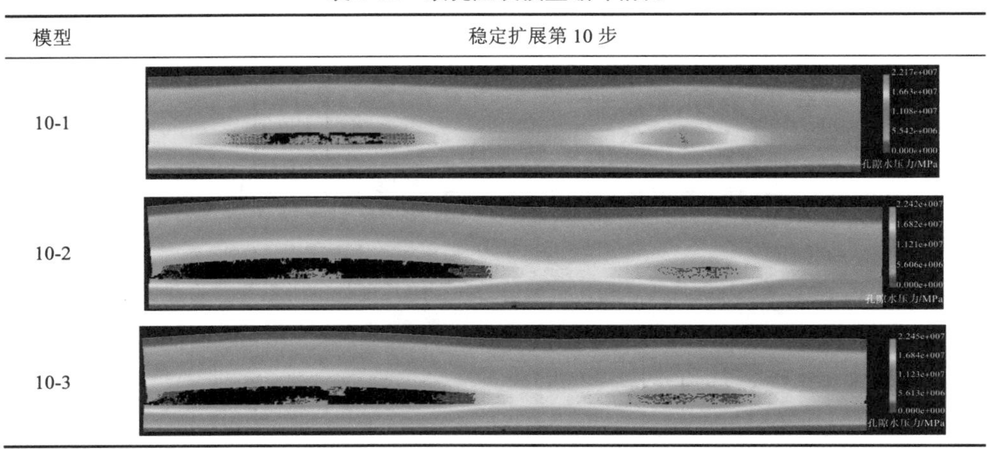
10-2	
10-3	

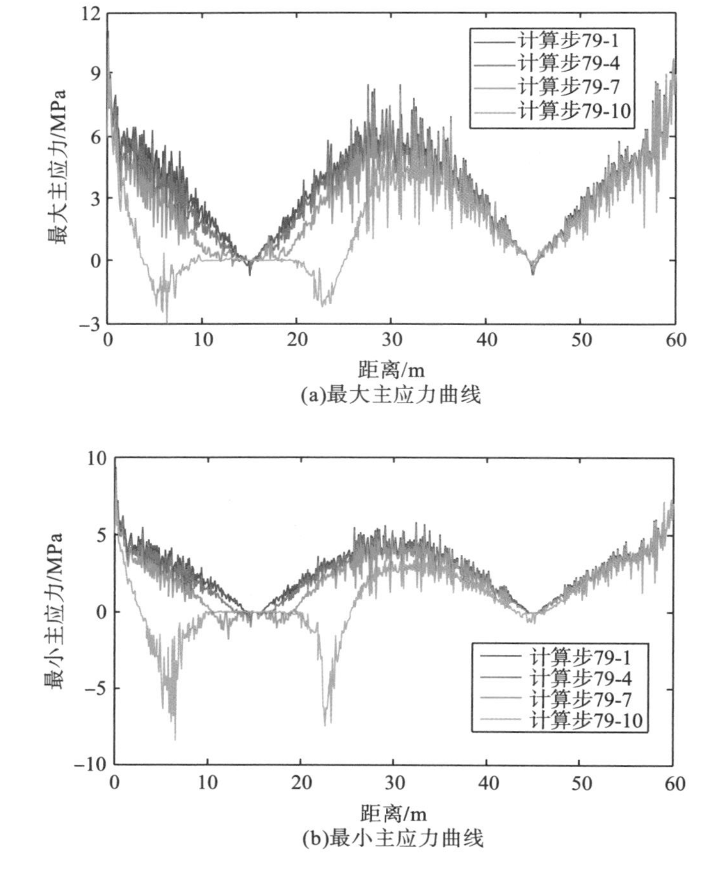

(a)最大主应力曲线

(b)最小主应力曲线

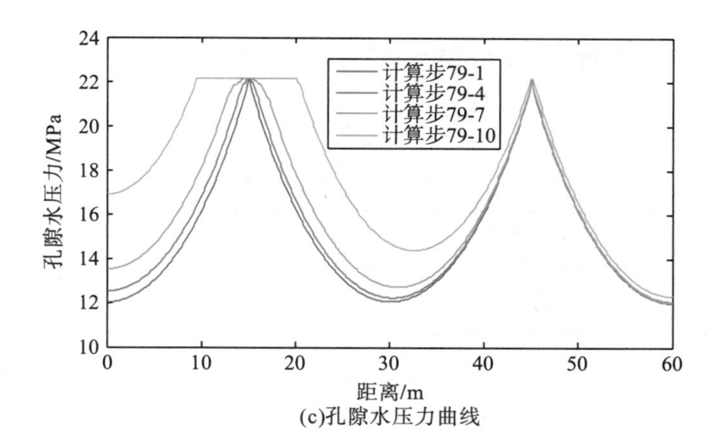

(c)孔隙水压力曲线

图 2-17　模型 Coalrock 10-1 的相应曲线

从表 2-12 和图 2-17 可以发现，3 个模型均是左孔先发生破坏，且右孔的破坏程度明显不如左孔，压裂破坏的不均匀性和非对称性与选赋材料属性的随机分布特性有关。3 个模型的稳定破坏孔隙水压力均在 22 MPa 左右，与单孔压裂基本相同，而且稳定扩展相同步数时，侧压系数越大，左孔和右孔之间的煤体破坏越严重。

双孔压裂裂缝稳定扩展初期，煤层中最大主应力和最小主应力均呈现出“W”形的变化趋势。值得一提的是，由于压裂应力的叠加作用，模型两端的主应力明显大于压裂孔之间的主应力，而且随着压裂的进一步进行，左边压裂孔周围裂缝进一步发展，压裂孔之间主应力的峰值逐步向右边移动。与单孔压裂类似，在裂缝的尖端出现了孔隙水压力作用的拉应力区，也是促进裂缝进一步扩展的驱动力。

孔隙水压力曲线显示，两孔之间的煤体明显地受到了两个压裂孔的叠加作用。由于两孔的裂缝发育程度不同，其孔隙水压力介于模型的左边界和右边界之间。可以推断，如果两孔压裂程度均匀，那么两孔之间的孔隙水压力将高于两个边界点的压力。与主应力曲线相同，随着压裂的进行，两孔之间的孔隙水压力曲线峰值向压裂程度弱的一边转移。

2.穿层钻孔双孔压裂

为了观察煤层平面内的压裂情况，设计如图 2-18 所示模型。模型材料及边界条件见表 2-13。图 2-19 给出了煤层内裂缝的起裂和扩展过程。图 2-20 给出了两压裂孔连线上的参数曲线。就每个孔单独分析而言，这些曲线的变化趋势与单孔压裂曲线的变化趋势具有相似性。

表 2-13 穿层钻孔平面模型参数

材料	y 方向地应力 σ_y /MPa	x 方向地应力 σ_x /MPa	孔隙水压力 p/MPa	垂直渗流条件	水平渗流条件	A 孔位置	B 孔位置
煤	15.68	15.68	14.11	不渗透	不渗透	(8，8)	(24，8)

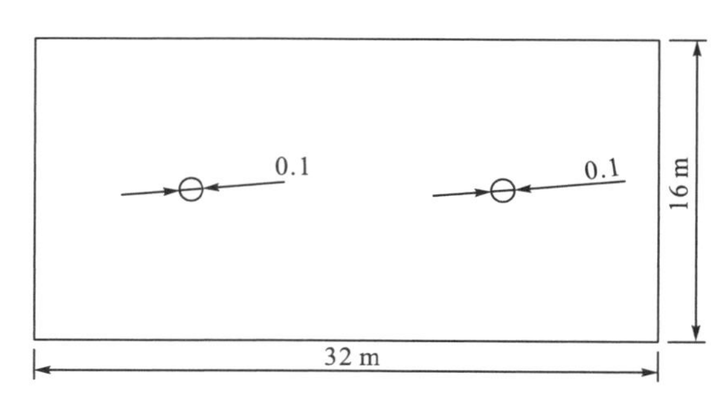

图 2-18 穿层压裂平面模型

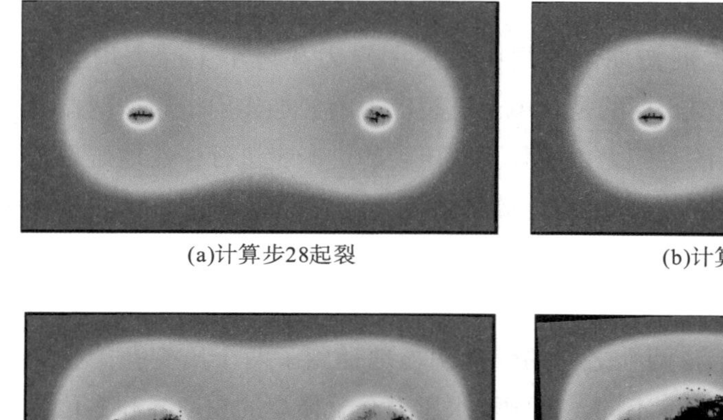

(a)计算步28起裂

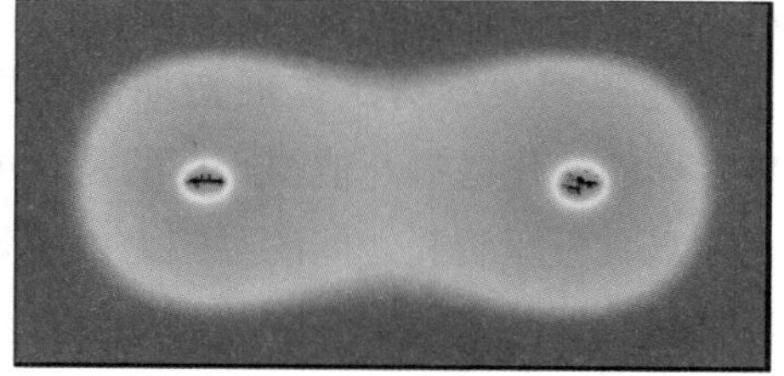

(b)计算步33-4稳定扩展

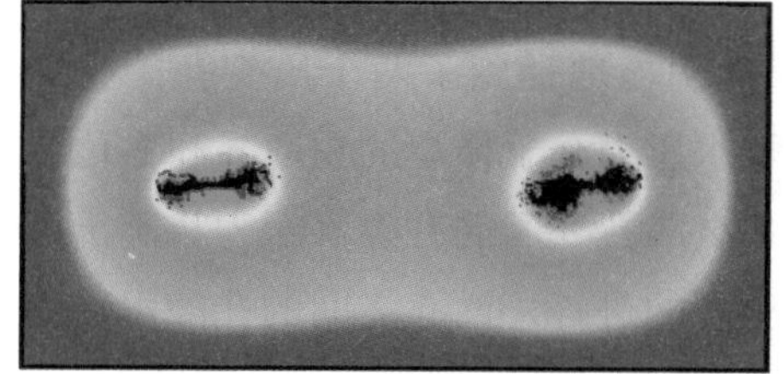

(c)计算步33-10稳定扩展

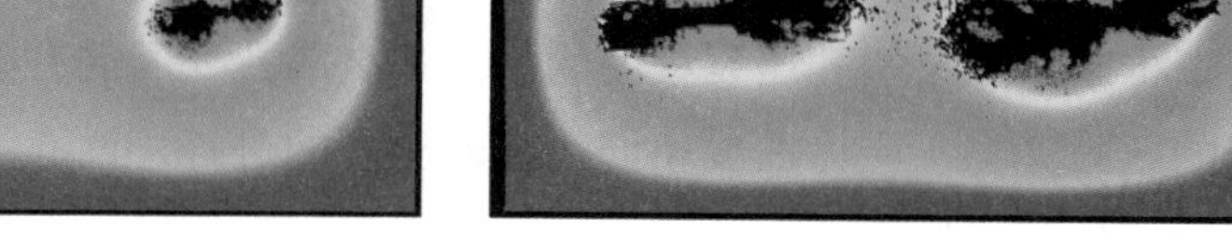

(d)计算步33-14稳定扩展

图 2-19 穿层压裂平面数值模拟裂缝发展过程

值得注意的是，煤层内部的裂缝发展并不是以压裂孔为圆心，向四周均匀扩展，而是具有一定的方向性，该方向性不仅与两水平地应力的大小有关，更主要取决于煤层的节理产状和原生裂缝分布情况。

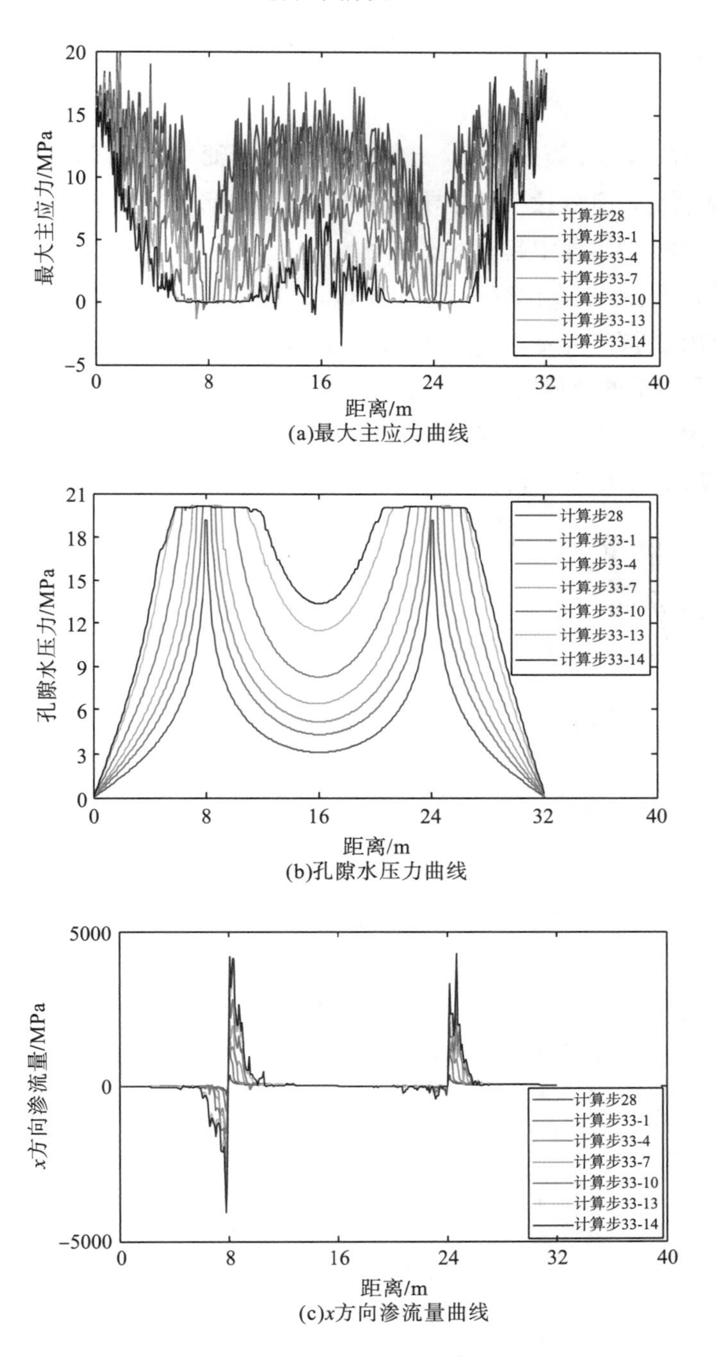

(a)最大主应力曲线

(b)孔隙水压力曲线

(c)x方向渗流量曲线

图 2-20 穿层压裂平面数值模拟曲线

2.3 本章小结

(1)煤层在水力压裂过程中，当注水速度大于滤失速度时，高压水就会劈开煤岩层形成裂缝，有效拉应力是导致煤岩体破裂，形成初始裂缝的主要原因；侧压系数在水力压裂过程中起着主要作用。

(2)煤矿开采一般在深度小于 1500 m 的浅部，其侧压系数一般来说大于 1，压裂裂缝初始扩展方向是水平方向，故可以直接进行本煤层的水力压裂。

(3)煤层内部的裂缝发展并不是以压裂孔为圆心向四周均匀扩展，而是具有一定的方向性，该方向性不仅与两水平地应力的大小有关，更主要取决于煤层的节理产状和原生裂缝分布情况。

第 3 章　煤矿井下水力压裂后压裂液分布规律

3.1　压裂液分布的电阻率分析

在煤矿井下水力压裂过程中，持续高压水的作用促使煤岩体产生大量的新生裂缝，并导致原生裂缝尺度得到进一步的增大或扩展，高压水也随即充满这些新生或扩展裂缝，以达到降低应力、增强渗透性的效果。在此过程中，高压水通过新生、扩展裂缝在某一方向上所能到达且富集的最远距离，即为水力压裂的有效影响范围。煤岩体本身的电阻率较大，而富集裂隙水的区域，其导电性将大大增强，相应的电阻率则显著减小，相当于存在局部低阻地质体。因此，利用矿井瞬变电磁法对局部低阻地质体(富水区)的探测和解释，可以有效地确定水力压裂后压裂液的分布范围。

由于矿井瞬变电磁法二次电磁场的大小与地下地质体的导电性有关，当介质电阻率小时，介质热损耗小，感应的二次电磁场衰减慢，接收到的感应电动势就大。反之，当介质电阻率大时，介质热损耗大，感应二次电磁场衰减得快，接收到的感应电动势就小。所以矿井瞬变电磁法主要是通过分析不同地质体的电性分布规律，对富水区等煤岩体中的地质异常带进行探测。

3.2　压裂液对电阻率的影响实验

地下水及其他天然水的电阻率均较小(通常小于 100 Ω·m)，且含盐分越多，电阻率越小。因此，煤岩层中所含水分的多少(或湿度大小)对其电阻率有较大的影响。

一般含水率高的煤岩石电阻率较小，而含水率低或干燥的煤岩石电阻率较大。煤岩石含水率的高低，主要取决于煤岩石本身的孔隙度及当地的水文地质条件。在潜水面以下，煤岩的孔隙通常被地下水充填，此时，煤岩石的湿度便等于孔隙度。处于潜水面以上的煤岩石，因大气中的水分可以通过降雨渗入地下，也并非完全干燥。在渗透过程中，由于岩石颗粒对水的吸附作用，煤岩石孔隙中能保存一部分水分。一般孔隙直径越小，吸水性越弱，煤岩的含水率便越高，故黏土电阻率较小；火成岩较其他岩类的孔隙度小，但是，由于风化或构造破坏作用使其裂缝或节理较发育，火成岩的电阻率往往较小；变质岩的孔隙度与变质程度有关，通常是变质程度越高，岩石越致密，孔隙度越小，其电阻率越高。

现以孔隙中充满水分的石英砂岩为例，来分析讨论含水率或湿度对岩石电阻率影响的近似数量关系。

大多数岩石和矿石可视为由均匀相连的胶结物和不同形状的矿物颗粒所组成。岩石、矿石的电阻率取决于这些胶结物和矿物颗粒的电阻率、形状及其百分体积含量。若胶结物的电阻率为ρ_1，矿物颗粒的电阻率为ρ_2，则岩石电阻率ρ与ρ_1、ρ_2及矿物颗粒的百分体积含量V有关，并且不同形状的颗粒，其关系是不同的。根据等效电阻率的近似理论，对球形颗粒，其电阻率表达式为

$$\rho=\rho_1\frac{(\rho_1+2\rho_2)-(\rho_1-\rho_2)V}{(\rho_1+2\rho_2)+2(\rho_1-\rho_2)V} \tag{3-1}$$

由于水的电阻率$\rho_{水}$较砂粒的电阻率ρ_2小得多，即$\rho_{水}\ll\rho_2$，根据式(3-1)可得岩石的电阻率为

$$\rho=\rho_{水}\frac{3-\omega}{2\omega} \tag{3-2}$$

式中，ω为岩石的体积含水率或湿度，并有$\omega=1-V$。

由式(3-2)可见，岩石电阻率ρ与$\rho_{水}$成正比，而当湿度较小时，则其与湿度成近似的反比关系，此时ω的微小变化，可引起ρ的很大变化。

根据式(3-2)计算得到岩石电阻率与含水率的关系曲线(图 3-1)。由图可以看出，岩石电阻率ρ与$\rho_{水}$成正比，含水率对岩石电阻率的影响较大，岩石的电阻率随含水率的升高而减小，但当含水率升高到一定程度后，其电阻率随含水率升高而减小的趋势逐渐变缓。这是由于含水率升高时，孔隙水逐渐充满孔隙空间，孔隙水导电所占的比例相应增加直至饱和。

由上述不难理解，岩石的电阻率不仅与岩石孔隙度的大小有关，而且还取决于孔隙的结构。通常，当孔隙连通较好时，其中水分对岩石电阻率影响大，否则影响小。节理或裂缝式孔隙，亦具有明显的方向性，沿节理或裂缝方向岩石电阻

率较低，而垂直于节理或裂缝方向电阻率较大。

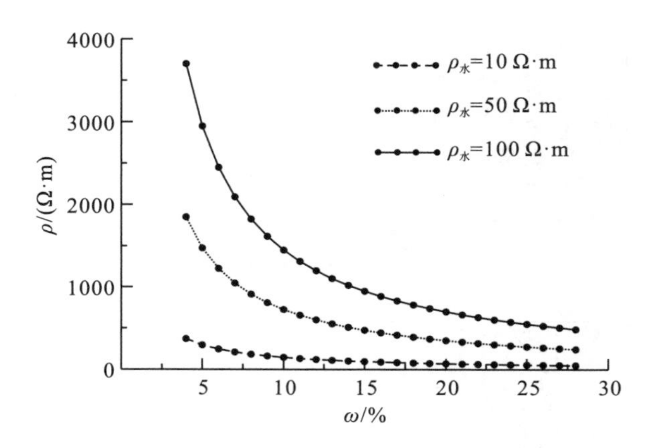

图 3-1　岩石电阻率与含水率的关系曲线

实际地层多为土石复合介质，其中同时包含有土石串联部分和土石并联部分，如图 3-2 所示。这种介质是由土颗粒、岩石颗粒、颗粒间的孔隙及孔隙中的气体和水等组成的典型多相介质，其电阻率受多种因素影响。当土石颗粒本身的成分不变时，影响因素主要有含水率、孔隙率、土石比及饱和度等。本书在非饱和土电阻率结构模型的基础上，根据土石复合介质串联和并联两种结构形式建立的多相土石复合介质电阻率结构模型，讨论分析含水率、孔隙率及饱和度对土石复合介质电阻率的影响规律。

假设土石并联模型所占比例为 λ，并定义 λ 为土石复合介质的导电结构因子，其值取 0.5，经过一系列复杂推导，可得到土石串联和并联混合的电阻率为

$$\rho=\frac{1+f}{1-n}\left[\frac{(1+f)^2}{2(f\rho_s+\rho_r)}+\frac{\rho_s+f\rho_r}{2\rho_s\rho_r}+\frac{(f\gamma_s+\gamma_r)\omega}{\gamma_\omega\rho_\omega)}\right]^{-1} \tag{3-3}$$

式中，n 为孔隙率；f 为土石比；ρ_s 为土颗粒的电阻率；ρ_r 为岩石颗粒的电阻率；ω 为含水率；γ_s 为土颗粒密度；γ_r 为岩石颗粒密度；ρ_ω 为孔隙水的电阻率；γ_ω 为水的密度。

由式(3-3)可知，当不考虑土石颗粒本身的影响时，土石复合介质的电阻率主要受含水率、孔隙率、土石比等的影响。下面，本书取 $\rho_s=500\ \Omega\cdot\text{m}$，$\rho_r=700\ \Omega\cdot\text{m}$，$\rho_w=12.5\ \Omega\cdot\text{m}$，$r_s$=2.5 g/cm^3，$r_r$=2.65 g/cm^3，$r_\omega$=1.00 g/cm^3，根据式(3-3)计算分析含水率、孔隙率及饱和度对土石复合介质电阻率的影响。

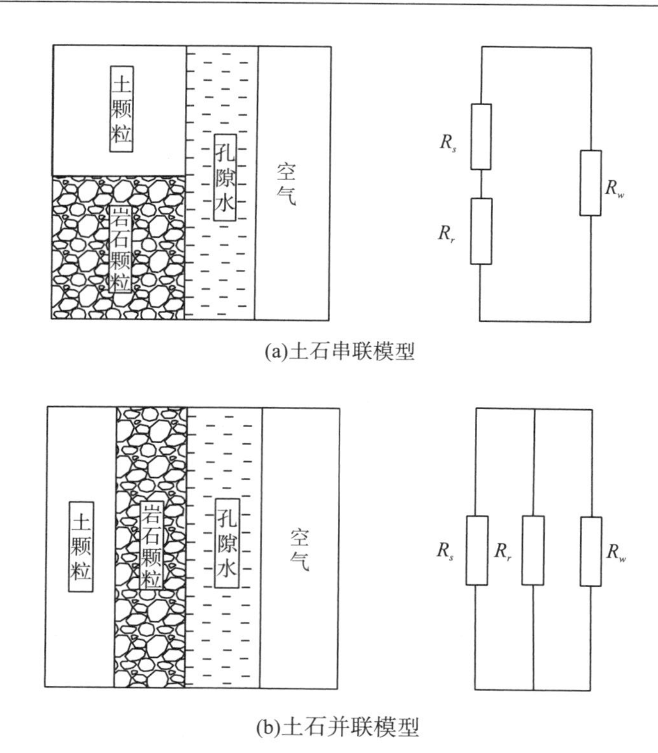

图 3-2 多相土石复合介质电阻率结构模型

图 3-3～图 3-5 分别是按上述方法计算得到的土石复合(混合)介质电阻率与含水率、孔隙率及饱和度的关系曲线。由图 3-3 可以看出，含水率对土石复合介质电阻率的影响较大，土石复合介质的电阻率随含水率的升高而减小，但当含水率升高到一定程度后，其电阻率随含水率升高而减小的趋势逐渐变缓。这是由于含水率升高时，孔隙水逐渐充满孔隙空间，孔隙水导电所占的比例相应增加直至饱和。由图 3-4 可知，土石复合介质的电阻率随孔隙率的增大而增大。这是因为当含水率一定时，孔隙率的增大使饱和度降低，以致孔隙水导电所占的比例也相对减小。由图 3-5 可知，土石复合介质的电阻率随饱和度的增加而减小。实际上，当孔隙率不变时，饱和度增加意味着含水率的升高，从而使土石复合介质整体电阻率减小；而当含水率不变时，饱和度增加意味着孔隙率的减小，从而使土石复合介质整体电阻率也减小。

矿井瞬变电磁法对含水体特别敏感，因此煤岩层含水率高低会影响矿井瞬变电磁法的测量结果，从而影响水力压裂监测效果。其具体表现为：煤岩层含水率高将使背景场降低，使压裂液与围岩的电阻率差异变小。但可以通过压裂前后两次测量来消除这种影响，不影响对压裂范围的判别。

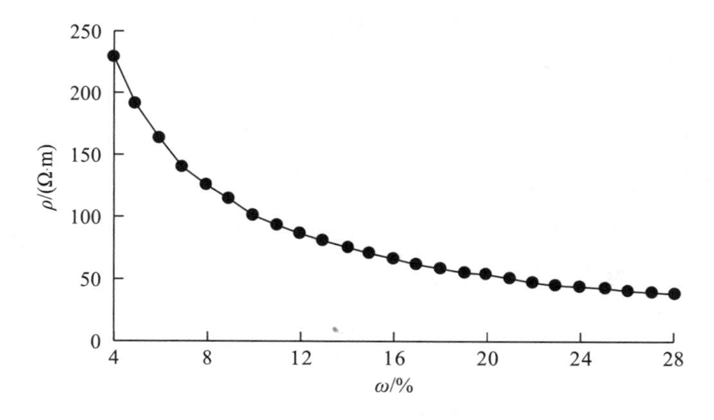

图 3-3　土石复合介质电阻率与含水率的关系曲线（$f=4$，$n=0.4$）

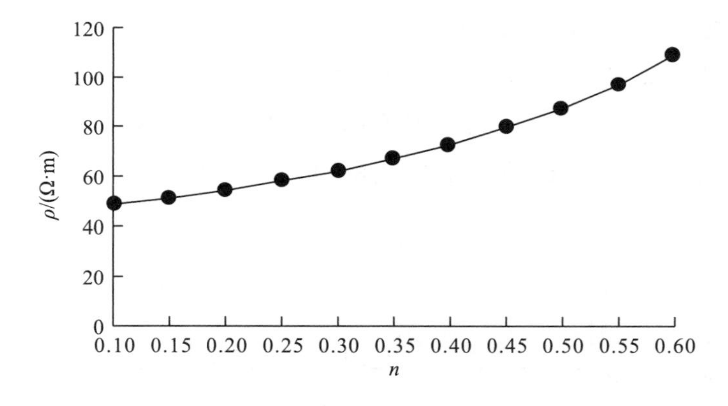

图 3-4　土石复合介质电阻率与孔隙率的关系曲线（$f=4$，$\omega=10\%$）

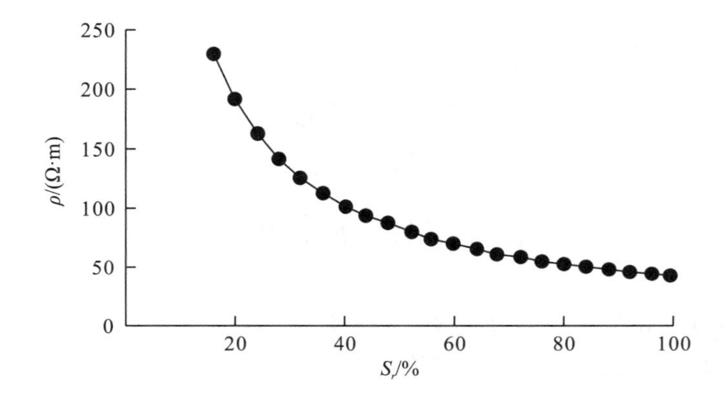

图 3-5　土石复合介质电阻率与饱和度的关系曲线

3.3 压裂液运移规律现场试验

根据煤的形成过程，煤的变质程度越高，煤体内孔隙就越多，生成的瓦斯含量就越高。经历后期的地质构造等运动后，煤层内形成很多节理裂缝。所以，煤层是典型的双重孔隙介质。目前，大多数煤层均属于含瓦斯煤层，煤层瓦斯主要以吸附态和游离态赋存于煤层内。

煤层水力压裂在产生水压裂缝的同时，压裂液沿着裂缝向压裂孔周围扩散，与孔隙裂缝内的游离瓦斯接触，引起裂缝围岩内孔隙水和瓦斯压力的变化，而孔隙压力分布的不均匀性会产生孔隙压力梯度。根据孔隙介质两相驱替的基本理论，在含瓦斯煤层水力压裂过程中，游离瓦斯应该是由孔隙瓦斯压力高的区域向低的区域运移，此现象称为瓦斯驱赶作用。

根据水力压裂对瓦斯驱赶作用的现场实例，如重庆某煤矿在 N3704 西瓦斯巷进行的穿层水力压裂发现，距压裂孔越远，瓦斯含量越高，其中 M7 煤层的瓦斯含量在距压裂孔 50 m 处已超过原始瓦斯含量，形成瓦斯富集带，如图 3-6 所示。

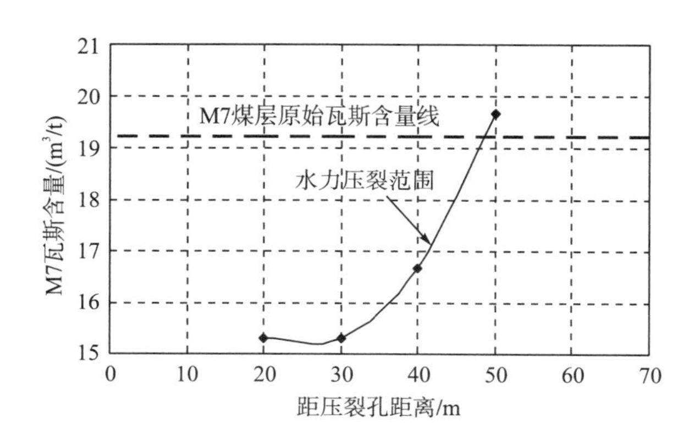

图 3-6 M7 煤层瓦斯含量曲线

研究水力压裂过程中水对煤层气的驱赶作用，必须与常规的水-气两相驱替问题区别开来。原因是水力压裂过程中，孔隙压力梯度和瓦斯的吸附-解吸效应对水-气两相驱替有很大的影响。在含瓦斯煤层的水力压裂过程中，高压水沿水压裂缝进入煤体割理-微裂缝-孔隙组成的通道系统，使裂缝系统中的水压力升高，裂缝系统内原有的力学平衡被打破，应力重新分布。在水渗流的前沿孔隙水会克服通道壁的阻力在通道内前移，引起与压裂水相交前端一定范围内的瓦斯气体被压缩，瓦斯压力升高，形成通道内的瓦斯压力差，从而驱动瓦斯运移。随着压裂过程的进行，压裂水将沿着压裂水运移方向形成压力逐渐减小的梯度。在压裂水与瓦斯交界面处，瓦斯压力与压裂水压力相等。瓦斯压力梯度垂直于压裂水的前端面，并且随着水对瓦斯的挤压程度提高，瓦斯压力梯度会逐渐增加。

在煤层水力压裂过程中，由于水压裂缝扩展受地应力和煤体原生节理孔隙的影响，裂缝的扩展表现出不均匀性，这个现象在前面的数值分析中也有所表现。裂缝扩展的不均匀性是引起瓦斯驱赶不均匀的根本原因。另外，水力压裂过程会引起煤体中应力重新分布，局部应力集中也会影响煤体的渗透性，从而影响瓦斯的运移。为了保证瓦斯驱赶效果，应采用非均匀水力压裂技术，如水力压裂孔采取分段压裂的方式。值得注意的是，由于孔隙压力水的渗透及孔隙水压力引起瓦斯压力梯度变化是一个渐进的过程，水力压裂的瓦斯驱赶具有时间效应。所以，在水力压裂现场时，应根据具体的工程确定具体的注水速度和时间，防止瓦斯驱赶的速度过快，导致采掘空间的瓦斯浓度超限，或者驱赶时间不够，导致驱赶的瓦斯聚集在煤体内部，不利于煤与瓦斯突出防治。

所以，针对瓦斯驱赶现象，为了增强压裂效果，水力压裂增透抽采瓦斯的现场应用应采取相应的措施。首先，对本煤层水力压裂增透消突，压裂孔与瓦斯抽采孔间隔布置，在水力压裂的同时抽采部分游离瓦斯和集聚瓦斯。其次，在水力压裂结束后接抽压裂孔。压裂孔内水压的急剧降低会引起周围煤体中的孔隙水压力重新分布，进而引起孔隙瓦斯压力的变化，压裂孔与抽采孔之间的瓦斯从中部向两侧钻孔移动。这也是水力压裂结束、压裂孔反排水后会产生高浓度瓦斯涌出现象的原因。随着抽采时间的延长，瓦斯压力及其梯度逐渐降低，在抽采负压和水压压裂裂缝卸压增透的作用下，吸附态的瓦斯进一步解吸被抽采出。再次，对穿层钻孔水力压裂，瓦斯抽采孔应以“圆形”或“椭圆形”布置在压裂孔周围，而圆的半径或椭圆的长轴和短轴应根据水力压裂的影响范围确定，即驱赶瓦斯聚集的位置。最后，压裂结束后可将压裂孔作为抽采孔进行瓦斯抽采。

3.4 本章小结

(1)煤岩体本身的电阻率较大，而富集裂隙水的区域的导电性将大大增强，相应的电阻率则显著减小。

(2)煤岩体的电阻率随含水率的升高而减小，但当含水率升高到一定程度后，其电阻率随含水率升高而减小的趋势逐渐变缓；煤岩体的电阻率随孔隙率的增大而增大，随饱和度的增加而减小。

(3)煤层水力压裂在产生水压裂缝的同时压裂液沿着裂缝向压裂孔周围扩散，与孔隙、裂缝内的游离瓦斯接触，引起围岩裂缝内孔隙水和瓦斯压力的变化，而孔隙压力分布的不均匀性会产生孔隙压力梯度。

(4)煤矿井下水力压裂在压裂影响范围内距压裂孔越远，瓦斯含量越高；压裂有效范围依次分为压碎区、裂隙区、裂隙张开区、受拉区和原始应力区。

第 4 章　煤矿井下水力压裂煤层气分布规律监测技术

4.1　微震法裂缝演化监测技术

4.1.1　微震监测技术

水力压裂微震监测技术是近年来得到迅速发展的地球物理监测技术之一，它以声发射学和地震学为基础，通过观测分析水力压裂作业时产生的微小地震事件绘制裂缝的空间图像，监测裂缝的发育过程，实时调整作业参数，实现水力压裂效果最优化。

由于水力压裂及其他油气生产活动诱发的破裂震级一般小于 1，人们将压裂破裂归于微地震；又由于这些破裂是非人工爆炸且与地质构造相关的地下震源，微震监测也被称为被动地震监测。

微震监测技术是从地震勘探行业演化和发展起来的一项跨学科、跨行业的技术，它是以地震学为基础，通过观测分析生产活动中产生的微小地震事件来监测生产活动的影响范围及地下岩体状态的地球物理勘探技术，具有远距离、长期、动态、三维、实时监测的特点。

在国外，主要有英国、加拿大、南非、澳大利亚、波兰等生产微震监测系统，其中，加拿大的 ESG、南非的 ISS、波兰的 SOS 系统在我国矿山的应用比较广泛，具体情况见表 4-1。

表 4-1　国外主要微震监测系统

国家	系统名称	最大通道数	应用领域
英国	RICHTER	未知	石油、矿山
加拿大	ESG	256	石油、矿山
南非	ISS	1536	矿山

续表

国家	系统名称	最大通道数	应用领域
澳大利亚	IMS	未知	矿山
波兰	SOS	32	矿山

国内的微震监测系统主要有北京科技大学的 BMS、中国科技大学的万泰-微赛思、中煤科工集团西安研究院有限公司的 YTZ3 井下微震监测系统等，见表 4-2。其中 BMS 系统在我国的金属矿与煤矿中被用来开展了多次应用研究。

表 4-2　国内主要微震监测系统

开发单位	系统名称	最大通道数	应用领域
北京科技大学	BMS	64	矿山
中国科技大学	万泰-微赛思	256	石油、矿山
中煤科工集团西安研究院有限公司	YTZ3 井下微震监测系统	300	矿山

4.1.2　微震监测震源定位原理及计算方法

在煤矿井下水力压裂时，出水位置迅速升高的压力超过煤岩强度，使煤岩遭受破坏而形成裂缝，裂缝扩展时将产生一系列向四周传播的微震波和声波。在需要监测的区域预先以一定的网度布设传感器，组成传感器阵列。当监测区域煤岩体内出现微震或大的震动时，传感器即可将信号拾取，并将这种物理量转换为电压量或电荷量，通过多点同步数据采集测定各传感器接收到该信号的时刻，连同各传感器坐标及所测定波速，就可以确定微震震源即破裂发生的时空参数，并在三维空间上显示出来，达到定位的目的。微震监测技术原理如图 4-1 所示。

假定在水力压裂影响范围内布置有 n 个传感器(测点)，其坐标分别为 $(x_i, y_i, z_i), i=1, 2, \cdots, n$，微震波传到各个测点的时刻为 $t_i, i=1, 2, \cdots, n$，微震破裂点(震源)的坐标为 (x_0, y_0, z_0)，发生破裂的时间(发震时刻)为 t_0，空间介质的弹性波传播速度为 v，则根据地震波运动学的走时关系，可以建立如下的走时方程：

$$v^2(t_i - t_0)^2 = (x - x_i)^2 + (y - y_i)^2 + (z - z_i)^2 \tag{4-1}$$

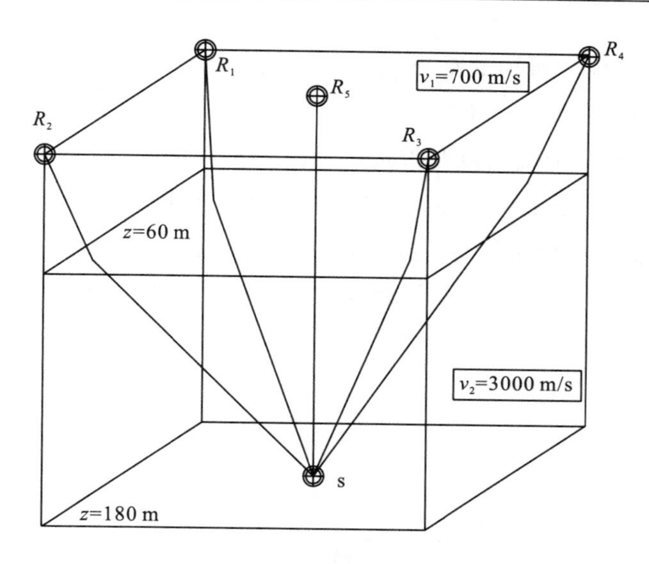

图 4-1　微震监测技术原理

式(4-1)中，v 为震波传播速度，在这样的监测范围内，对弹性波而言，可以认为岩体破裂产生的弹性波传播过程中受岩层层面、密度等的影响较小，传播速度是常量，可以通过现场标定确定。实测结果表明，这样的假定是完全可行的。式(4-1)实际上包含了 4 个方程，联立后，就可以求解出破裂点的坐标 (x_0, y_0, z_0) 和发生破裂的时间 t_0。在实际监测中，同时接收到破裂波的传感器(检波器)数量一般要多于 4 个，因此，可以按照一定的规则进行“四-四组合”，最后求出平均值。这种算法不仅提高了定位精度，而且能够展示出大致的破裂面范围。

由多个传感器接收到的信号，组成上述方程组，采用列主元素消去法求解该方程组，最终解出震源位置$\left(x',y',z'\right)$和发震时刻为 t_0，就可以确定水力压裂影响范围。

震源是一个微震事件的发震初始位置和时刻 (x_0, y_0, z_0, t_0)。若在多个观测点 (x_i, y_i, z_i) 的检波器接收到的震动记录中发现此震源引起的振幅大于背景噪声的振幅，即发现有用信号大于背景噪声信号，可以确定此震源到达观测点的时间 t_i，即获取到微震的弹性波到时，据此可反推震源距观测点的距离 L_i。如地震波的传播介质是分层均匀的，可以任一半径作出一个球面，否则是方向的函数。若有两个不同的观测点，可由两个球面的所有相交点在空间中得到一个圆，震源应在此圆上。当有 3 个观测点时，可能的震源就缩小到 2 个点，如图 4-2 所示。理论上，4 个观测点可定出震源。实际上，由于背景噪声及各种误差的干扰，所谓交汇点是一个区域范围，微震监测的误差也至少有几米。观测点较多时，所得震源范围就较可靠。因此，微震监测震源定位的条件是：对至少 3 个观测点在很接近的时间范围内，如几至几十甚至几百毫秒，同时发现信噪比 $S/N>1$ 的较大振幅启动，并能够合理地确定每个观测点的 t_i 和 L_i。因此，S/N 通常要达到 2 或 3 以上才能在较小误差范围内确定 t_i，因为真正的来震启动可能是非常微小的，可视部分是从背景噪声中逐渐显现出来的。

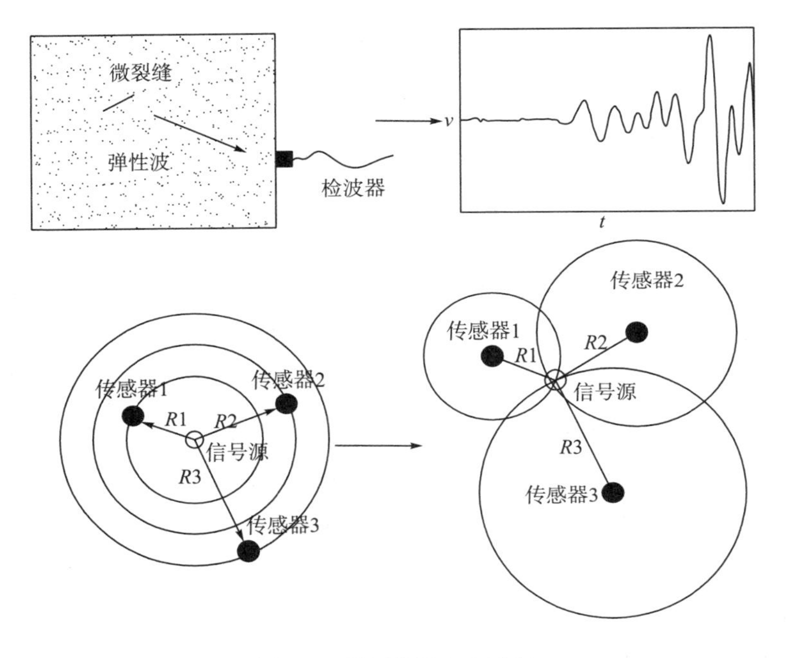

图 4-2 微震监测定位原理

4.1.3 YTZ3 井下微震监测系统

本书研究采用 YTZ3 井下微震监测系统，该系统是由中煤科工集团西安研究院有限公司研制的高精度微震监测系统，适用于煤矿、金属矿的冲击地压(岩爆)、煤与瓦斯突出、底板突水等矿山灾害监测及煤层气水力压裂监测。

1.YTZ3 系统组成

YTZ3 井下微震监测系统由井下设备和地面设备组成，井下设备包括：采集器、检波器；地面设备包括：微震监测主机、GPS 授时机和充电器。采集器采用自带电池供电，无须外接电源，采集数据直接存入采集器的存储卡内，无须外接数据传输线；检波器采用高灵敏度、宽频带、三分量或单分量的震动传感器，可以监测包含低频、中频、高频的各种岩层震动信号，可以直接在锚杆上、钻孔内部署；微震监测主机用来处理采集的微震信号，经过自动(手动)定位、平面、剖面展示，可以清楚地了解井下微震事件的位置、能量等信息，再由具有多功能的微震事件处理软件展示和解释，为工程技术人员提供可靠有用的信息；GPS 授时机实时接收 GPS 时钟，并且把实时时钟传输给采集器。矿用本安型地震数据采集仪及本安型三分量传感器如图 4-3 所示，GPS 授时机如图 4-4 所示。

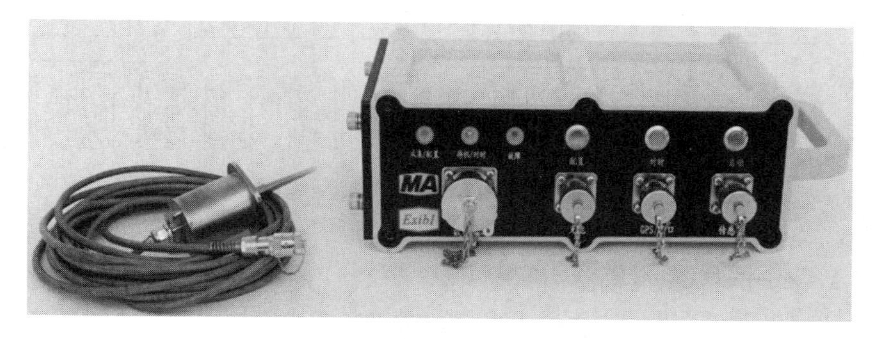

图 4-3　YTZ3-Z 矿用本安型地震数据采集仪和 ZTG3-Z 三分量传感器

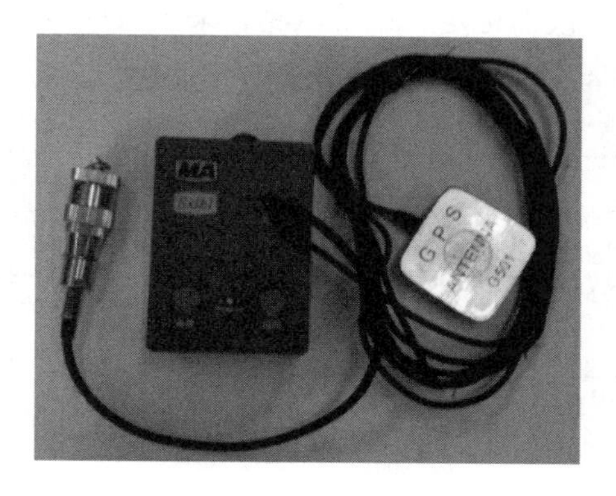

图 4-4　GPS 授时机

2.YTZ3 系统结构与工作原理

YTZ3 井下微震监测系统采用分布式布置方案，系统结构如图 4-5 所示，安装在测区内的微震检波器接收震动信号，采集器将检波器接收的震动信号记录在存储卡中，待监测完成后将采集器带到地面，并将记录的数据通过以太网传输到主机进行微震事件的定位分析与多方位展示。在数据采集期间，采集器与主机之间没有任何线缆连接，而且采集器也无须电缆供电，只需与检波器连接即可，每个采集器独立工作。

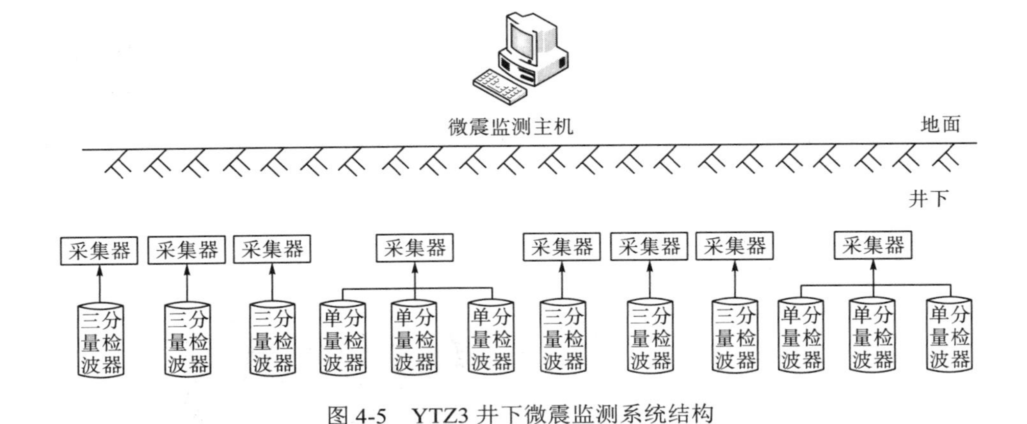

图 4-5 YTZ3 井下微震监测系统结构

3.YTZ3 系统监测流程

微震监测流程步骤主要分为：测点布置与检波器安装、对采集器进行参数设置和授时、速度参数和检波器标定、系统监测、采集数据传输、数据处理与结果展示，其中步骤 1、3 和 4 在井下进行，其余都在地面进行，监测流程如图 4-6 所示。

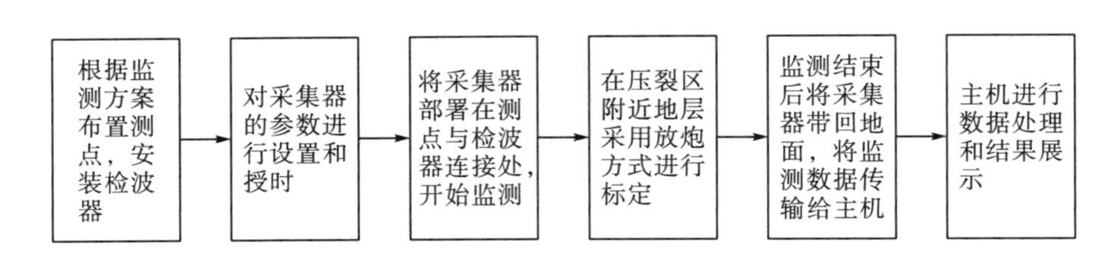

图 4-6 YTZ3 系统监测流程

系统标定就是在目标区附近的多个已知坐标点采用放炮作为震源，在各测点对该震源进行监测，然后根据监测数据对目标区地层的速度模型进行估计，对三分量检波器中水平分量检波器的方位角进行求取的过程。

监测结束后将采集器带回地面，把采集器连接到主机，将监测数据传输到主机进行数据处理和结果展示，数据传输过程如图 4-7 所示。

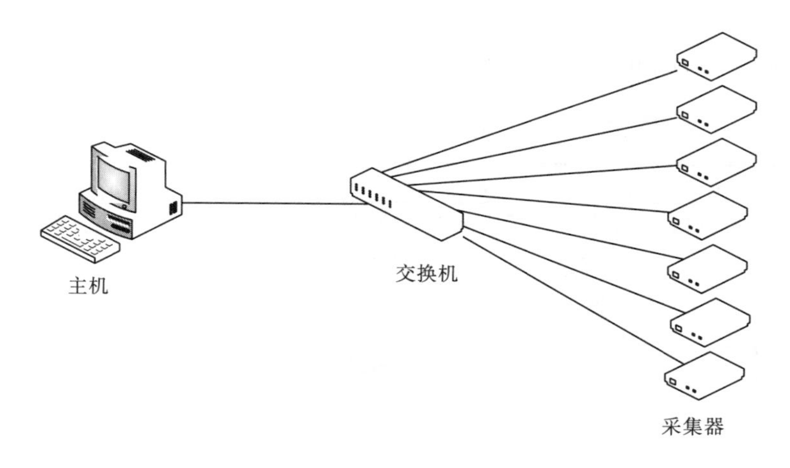

图 4-7　监测数据传输示意图

数据处理软件的功能主要包括：数据预处理、震相识别、速度建模、微震定位、三维显示等。

4.YTZ3 系统性能指标

YTZ3 井下微震监测系统属于高精度微震监测系统，可以监测震动能量大于 100 J、频率为 1～1500 Hz 及高于 120 dB 的震动事件。根据监测范围的不同，系统可选用不同频率范围的传感器，其主要性能指标见表 4-3。

5.YTZ3 系统功能

YTZ3 井下微震监测系统具有以下功能：

(1) 微震事件数据的自动存储；

(2) 微震事件的自动定位；

(3) 显示微震事件的平面位置和剖面位置；

(4) 动态显示产生微震事件的时空位置、震级与震源参数等信息，并可查看历史事件的动态演示；

(5) 手动拾取通道信息进行震源定位并可在图上显示震源的位置；

(6) 微震事件波形图保存；

(7) 系统参数设置和修改；

(8) 实现微震事件多方位展示、统计分析、危险性评价；

(9) 可以将微震事件定位结果套合展示在压裂区的CAD图件中。

表 4-3 YTZ3 井下微震监测系统主要性能指标

名称	性能指标或特性
最大通道个数	系统采用分布式部署和独立采集模式，通道数量不受限制
传感器	传感器型号：SN4 标准 4.5 Hz 垂直方向 频率范围：1～1500 Hz 灵敏度：(28.8 ± 10%) V/(m·s) 垂直倾斜度：± 10° 传感器型号：DJF3-60 Hz 三分量 频率范围：60～1500 Hz 灵敏度：(28.8 ± 10%) V/(m·s) 垂直倾斜度：任意角度
数字化	24 位数模转换
井下传输方式	检波器到采集器(电缆)
地面传输方式	采集器到主机(以太网线)
信号传输形式	数字式、二进制
动态响应范围	≥ 120 dB
信号增益	1、2、4、8、16、32、64 倍
井下最大传输距离	检波器到采集器，最大为 100 m
地面信号传输速率	10/100 Mb/s
定位精确度	合理布置传感器后±10 m (x, y)，±10 m (z)
采样频率	可选，0.5 kHz、1 kHz、2 kHz，最大 4 kHz
持续采样时间	8 h
授时误差	±30 ns
震源定位的最小震动能量	10^2 J
系统井下部分安全等级	IP 54
系统井下部分防爆等级	ExibI (可用于任何瓦斯条件下)

6.微震监测现场操作工序

微震监测现场操作工序主要包含以下几步骤：

(1) 井下现场踏勘，测点布设。为保证监测区能形成合理的空间监测结构，减少高度方向的监测误差，需要充分利用井下巷道空间合理布设测点，达到最佳监测效果。因此，必须进行井下现场踏勘，在此基础上进行测点布设。

(2) 根据测点设计图在井下相应巷道内采用卷尺将测点位置及名称标注在巷道侧帮距离底板 1.5 m 处，以便施工时能快速找到测点。微震测点的位置可以根据井下巷道实际情况进行稍微调整，如为了找到合适的锚杆固定检波器，可在设计测点位置前后 2 m 范围内稍做调整。

(3) 根据测点设计图在测区内均匀选取 3～4 个微震测点，在这些微震测点左右各 1 m 的合适位置处标定炮点。

(4) 采用经纬仪或全站仪等精确测量工具对标注好的微震测点三维坐标进行精确测量，如不具备测量条件也可根据卷尺的测量值在采掘工程平面图上拾取测点的三维坐标值并建立表格记录各点的坐标值。

(5) 如果微震测点处没有锚杆，则需要在微震测点处垂直于巷道侧帮打孔，孔深 1 m，并且采用水泥将锚杆或者钢筋等固定于孔中，孔外露头 10 cm。

(6) 标定炮放炮时间确定后，于放标定炮前一天，将检波器安装于部分微震测点的锚杆或者钢筋上，并且给 YTZ3-Z 井下微地震仪充电；设置数据采集时间、采样率以及增益等参数，放炮当天将检波器连接到 YTZ3-Z 井下微地震仪上，开机；在标定炮点处垂直巷道侧帮打孔，孔深 2 m，药量 200 g；记录放炮时间，以便在监测数据中快速找到放炮记录；所有标定炮都放完后，将 YTZ3-Z 井下微地震仪关机，带回地面。

(7) 在地面分析放炮记录数据，计算并确定地震波在测区岩层中的传播速度。

(8) 压裂时间确定后，于压裂前一天，将检波器安装于测区微震测点的锚杆或者钢筋上，并且给 YTZ3-Z 井下微地震仪充电，设置数据采集时间、采样率以及增益等参数；压裂当天将检波器连接到 YTZ3-Z 井下微地震仪上，开机；待压裂结束后，将 YTZ3-Z 井下微地震仪关机，带回到地面。

(9) 监测结束后将采集器带回地面，将监测数据传输给主机，主机进行数据处理和结果展示。

4.2　矿井瞬变电磁法压裂液分布检测技术

矿井瞬变电磁法(mine transient electromagnetic method，MTEM)是近年来发展较快的电法勘探分支方法。这种方法在井下巷道中利用不接地回线或接地线源向地下发送一定波形的一次脉冲电磁场，在一次脉冲电磁场的间歇期间，利用线圈或接地电极观测由该脉冲电磁场感应的二次涡流磁场或电场的空间和时间分布规律，来寻找含水地质异常体。在解决与水有关的地质异常体探测及含水性评价方面，矿井瞬变电磁法得到广泛应用，目前已成为首选方法。它有以下特点：①观测纯二次场，对低阻体特别灵敏；②施工效率高，时效性强；③对场地的适应能力强，无破坏性。

矿井瞬变电磁法采用多匝小回线、非接触式装置测量。因此，具有测量设备轻便、数据采集快速、工作效率高、体积效应小等优点。此外，矿井瞬变电磁法可以根据探测目标体相对于巷道空间位置不同来布置测量装置，进行全空间方位的探测，以查明巷道底板、顶板、顺层和掘进巷道迎头正前方等位置的含水地质异常体。

由于根据地下巷道空间断面的大小选择发射和接收回线的边长后，仍然可以通过加大发射功率和增加接收线圈匝数的方法增强二次场信号的强度，从而增大矿井瞬变电磁法的顺层或垂直勘探的深度，该方法在克服井下施工空间的局限性方面具有明显的优势。

4.2.1 全空间瞬变电磁法探测理论研究

1.全空间瞬变电磁场推迟解

全空间瞬变电磁场可以用反映电磁场基本规律的时域麦克斯韦方程来表示：

$$\nabla \times \boldsymbol{H} = \boldsymbol{J} + \frac{\partial \boldsymbol{D}}{\partial t} \tag{4-2}$$

$$\nabla \times \boldsymbol{E} = -\frac{\partial \boldsymbol{B}}{\partial t} \tag{4-3}$$

$$\nabla \cdot \boldsymbol{B} = 0 \tag{4-4}$$

$$\nabla \cdot \boldsymbol{D} = \rho \tag{4-5}$$

$$\boldsymbol{J} = \sigma \boldsymbol{E},\ \boldsymbol{D} = \varepsilon \boldsymbol{E},\ \boldsymbol{B} = \mu \boldsymbol{H} \tag{4-6}$$

式中，$\boldsymbol{J}$ 是电流密度(A/m^2)，由源电流密度 $\boldsymbol{J}_s$ 和传导电流密度 $\boldsymbol{J}_c$ 组成；$\boldsymbol{E}$ 是电场强度(V/m)；$\boldsymbol{D}$ 是电通密度(C/m^2)；$\boldsymbol{H}$ 是磁场强度(A/m)；$\boldsymbol{B}$ 是磁通密度(Wb/m^2)；ρ 是电荷密度(C/m^2)；μ 是磁导率；σ 是电导率；ε 是介电常数。

对式(4-3)两边取旋度后利用矢量恒等式 $\nabla\times\nabla\times\boldsymbol{A}=\nabla\cdot\nabla\boldsymbol{A}-\nabla^2\boldsymbol{A}$，并考虑式(4-3)～式(4-6)后，对于线性、均匀、各向同性介质，可以得到电场的波动方程：

$$\nabla^2 \times \boldsymbol{E} + \mu\varepsilon \frac{\partial^2 \boldsymbol{E}}{\partial t^2} = -\mu \frac{\partial \boldsymbol{J}}{\partial t} \tag{4-7}$$

用类似的方法还可以导出磁场波动方程：

$$\nabla^2 \times \boldsymbol{H} + \mu\varepsilon \frac{\partial^2 \boldsymbol{H}}{\partial t^2} = \nabla \times \boldsymbol{J} \tag{4-8}$$

众所周知，场源产生的物理作用是以有限的速度 a 传播的，不能立刻传至观测点，所推迟的时间为

$$t = \frac{r}{a} = \frac{\text{场源到观测点的距离}}{\text{传播速度}}$$

这是时域电磁场区别于频域场的显著特点，故可采取推迟位的方法求解式(4-7)和式(4-8)。

首先引入无外磁源情况下的电磁位。令式(4-2)中 $\boldsymbol{J}=0$，则对于简化后的式(4-3)和式(4-4)，可引入矢位 $\boldsymbol{A}$ 和标位 φ，使

$$\boldsymbol{B} = \nabla \times \boldsymbol{A} \tag{4-9}$$

$$\boldsymbol{E} = -\nabla\varphi - \frac{\partial \boldsymbol{A}}{\partial t} \tag{4-10}$$

将式(4-9)、式(4-10)代入式(4-2)、式(4-5)，可得到关于位 $\boldsymbol{A}$、φ 的微分方程

$$\nabla^2 \boldsymbol{A} - \mu\varepsilon \frac{\partial^2 \boldsymbol{A}}{\partial t^2} - \mu\sigma \frac{\partial \boldsymbol{A}}{\partial t} - \nabla\left(\nabla \cdot \boldsymbol{A} + \mu\varepsilon \frac{\partial \varphi}{\partial t} + \mu\sigma\varphi\right) = -\mu \boldsymbol{J} \tag{4-11}$$

$$\nabla^2 \varphi + \frac{\partial}{\partial t}\left(\nabla \cdot \boldsymbol{A}\right) = -\frac{1}{\varepsilon}\rho \tag{4-12}$$

引入 $\boldsymbol{A}$、φ 之后，使未知量函数 E_x、E_y、E_z，H_x、H_y、H_z 由 6 个减为 A_x、A_y、A_z、φ 4 个。再进一步引入洛仑兹规范条件：

$$\nabla \cdot \boldsymbol{A} + \mu\varepsilon \frac{\partial \varphi}{\partial t} + \mu\sigma\varphi = 0 \tag{4-13}$$

即可在其限制下求解阻尼波动方程：

$$\left(\nabla \cdot \boldsymbol{A} + \mu\varepsilon \frac{\partial \varphi}{\partial t} + \mu\sigma\varphi\right)\boldsymbol{A} = -\mu \boldsymbol{J} \tag{4-14}$$

$$\left(\nabla \cdot \boldsymbol{A} + \mu\varepsilon \frac{\partial \varphi}{\partial t} + \mu\sigma\varphi\right)\varphi = -\frac{1}{\varepsilon}\rho \tag{4-15}$$

上述受洛仑兹条件制约的 $\boldsymbol{A}$、φ 仍非彼此独立，下面再引入 Hertz 电矢位描述电场，使未知标量函数由 4 个减为 3 个：

$$\varphi = -\nabla \cdot \boldsymbol{\pi} \tag{4-16}$$

$$\boldsymbol{A} = \mu\varepsilon \frac{\partial \boldsymbol{\pi}}{\partial t} \tag{4-17}$$

由此可知电磁位满足以下非齐次波动方程：

$$\frac{\partial^2 \boldsymbol{A}}{\partial t^2} - a^2\nabla^2\boldsymbol{A} = \frac{1}{\varepsilon}\boldsymbol{J} \tag{4-18}$$

$$\frac{\partial^2 \varphi}{\partial t^2} - a^2\nabla^2\varphi = \frac{1}{\mu\varepsilon^2}\rho \tag{4-19}$$

$$\frac{\partial^2 \boldsymbol{\pi}}{\partial t^2} - a^2\nabla^2\boldsymbol{\pi} = \frac{1}{\mu\varepsilon^2}\boldsymbol{P} \tag{4-20}$$

在式(4-18)～式(4-20)中，

$$a = \frac{1}{\sqrt{\mu\varepsilon}} \tag{4-21}$$

用推迟位公式

$$u(x,y,z,t) = \frac{1}{4\pi a}\iiint_V \frac{f\left(\xi,\eta,\varsigma,t-\dfrac{r}{a}\right)}{r}\mathrm{d}\xi\mathrm{d}\eta\mathrm{d}\varsigma \tag{4-22}$$

式中，V 为场源分布区；ξ、η、ς 表示 f 点的位置坐标，即对应于 x'、y'、z'；t 表示该点的推迟时间。

即可求得式(4-18)～式(4-20)的解，即时变电磁场的推迟位：

$$\boldsymbol{A}(x,y,z,t) = \frac{\mu}{4\pi}\iiint_V \frac{\boldsymbol{J}\left(\xi,\eta,\varsigma,t-\dfrac{r}{a}\right)}{r}\mathrm{d}\xi\mathrm{d}\eta\mathrm{d}\varsigma = \frac{\mu}{4\pi}\iiint_V \frac{[\boldsymbol{J}]}{r}\mathrm{d}v \tag{4-23}$$

$$\varphi(x,y,z,t) = \frac{1}{4\pi\varepsilon}\iiint_V \frac{\rho\left(\xi,\eta,\varsigma,t-\dfrac{r}{a}\right)}{r}\mathrm{d}\xi\mathrm{d}\eta\mathrm{d}\varsigma = \frac{1}{4\pi\varepsilon}\iiint_V \frac{[\rho]}{r}\mathrm{d}v \tag{4-24}$$

$$\boldsymbol{\pi}(x,y,z,t) = \frac{\mu}{4\pi}\iiint_V \frac{\boldsymbol{P}\left(\xi,\eta,\varsigma,t-\dfrac{r}{a}\right)}{r}\mathrm{d}\xi\mathrm{d}\eta\mathrm{d}\varsigma = \frac{1}{4\pi\varepsilon}\iiint_V \frac{[\boldsymbol{P}]}{r}\mathrm{d}v \tag{4-25}$$

可以由场与 Hertz 位之间的关系得到推迟场：

$$\boldsymbol{E} = \nabla(\nabla\cdot\boldsymbol{\pi}) - \mu\varepsilon\frac{\partial^2\boldsymbol{\pi}}{\partial t^2} \tag{4-26}$$

$$\boldsymbol{B} = \mu\varepsilon\nabla\times\frac{\partial\boldsymbol{H}}{\partial t} \tag{4-27}$$

由上述可见，计算给定源分布的场，通常是先求出推迟位，进而得到推迟场。初看起来，分布的电流 $\boldsymbol{J}\mathrm{d}v$ 和电荷 $\rho\mathrm{d}v$ 是产生推迟场的源。然而，由场的辐射原理可知，辐射场是由电荷加速运动产生的。因此，简单的 $\boldsymbol{J}\mathrm{d}v$ 和 $\rho\mathrm{d}v$ 仅仅是推迟位的源，还不能说是推迟场的源。先求位后求场的解题方法，把产生推迟场的真正源掩盖了(辅助函数并没有特定的物理意义，也不是唯一的)。但是先求位后求场可使分析大为简化，因此大多数问题的求解还是借助于辅助函数。

若令

$$\boldsymbol{I}_E = -\mu\frac{\partial \boldsymbol{J}}{\partial t} - \frac{1}{\varepsilon}\nabla\rho \tag{4-28}$$

$$\boldsymbol{I}_B = \mu\nabla\times\boldsymbol{J} \tag{4-29}$$

可直接求得波动方程[式(4-7)和式(4-8)]的推迟场解：

$$\boldsymbol{E}(x,y,z,t) = \frac{1}{4\pi}\iiint_V \frac{\boldsymbol{I}_E\left(\xi,\eta,\varsigma,t-\dfrac{r}{a}\right)}{r}\mathrm{d}V \tag{4-30}$$

$$\boldsymbol{H}(x,y,z,t) = \frac{1}{4\pi\mu}\iiint_V \frac{\boldsymbol{I}_B\left(\xi,\eta,\varsigma,t-\dfrac{r}{a}\right)}{r}\mathrm{d}V \tag{4-31}$$

现在可以清楚地看出，推迟场的源是由电流和电荷的时间和空间导数构成的。

利用全空间瞬变电磁场推迟解来分析场的基本分布规律是十分必要的。但是对于矿井超前探测，必须分析了解掘进头前方含水地质异常体的特征，这就需要在了解场的基本分布规律的基础上，进行数值模拟计算。

2.矿井瞬变电磁场三维时域有限差分模拟

时域有限差分(Finite-Difference Time-Domain，FDTD)法是近年来得到迅猛发展的一种数值计算方法。它直接把含时间变量的麦克斯韦方程的两个旋度方程[式(4-2)和式(4-3)]在 Yee 氏网格空间中转换为差分方程。在这种差分格式中，每个网格上的电场(或磁场)分量仅与它相邻的磁场(或电场)分量及上一时间步该点的场值有关。在每一时间步计算网格空间各点的电场和磁场分量，随着时间步的推进，能直接模拟电磁波的传播及其与物体的相互作用。时域有限差分法把各类问题都作为初值问题来处理，从而使瞬变电磁场的时域特性被直接反映出来。这一特点使它能直接给出电磁场问题的非常丰富的时域信息，对复杂的瞬态过程描绘出清晰的物理图像。

在 FDTD 计算中，激励源是另外加上的，因此只对无源区域做差分离散，同时为使差分方程对称，引进等效磁阻率 σ_m，此时将电导率写成 σ_e，那么式(4-2)和式(4-3)有如下形式

$$\nabla\times\boldsymbol{H} = \varepsilon\frac{\partial \boldsymbol{E}}{\partial t} + \sigma_e\boldsymbol{E} \tag{4-32}$$

$$\nabla \times \boldsymbol{E} = -\mu \frac{\partial \boldsymbol{H}}{\partial t} - \sigma_m \boldsymbol{H} \tag{4-33}$$

在导出差分方程时，要从电磁场各分量满足的方程出发，因此，需写出与式(4-32)和式(4-33)等价的电磁场的 6 个分量所满足的方程。在直角坐标系中，令 $\boldsymbol{E}=E_x\boldsymbol{a}_x+E_y\boldsymbol{a}_y+E_z\boldsymbol{a}_z$，$\boldsymbol{H}=H_x\boldsymbol{a}_x+H_y\boldsymbol{a}_y+H_z\boldsymbol{a}_z$（$\boldsymbol{a}_x$、$\boldsymbol{a}_y$ 和 $\boldsymbol{a}_z$ 分别为 x、y 和 z 坐标的单位矢量)，将上面两式展开后有

$$\frac{\partial E_x}{\partial t} = \frac{1}{\varepsilon}\left(\frac{\partial H_z}{\partial y} - \frac{\partial H_y}{\partial z} - \sigma_e E_x\right) \tag{4-34}$$

$$\frac{\partial E_y}{\partial t} = \frac{1}{\varepsilon}\left(\frac{\partial H_x}{\partial z} - \frac{\partial H_z}{\partial x} - \sigma_e E_y\right) \tag{4-35}$$

$$\frac{\partial E_z}{\partial t} = \frac{1}{\varepsilon}\left(\frac{\partial H_y}{\partial x} - \frac{\partial H_x}{\partial y} - \sigma_e E_z\right) \tag{4-36}$$

$$\frac{\partial H_x}{\partial t} = \frac{1}{\mu}\left(\frac{\partial E_y}{\partial z} - \frac{\partial E_z}{\partial y} - \sigma_m H_x\right) \tag{4-37}$$

$$\frac{\partial H_y}{\partial t} = \frac{1}{\mu}\left(\frac{\partial E_y}{\partial x} - \frac{\partial E_x}{\partial z} - \sigma_m H_y\right) \tag{4-38}$$

$$\frac{\partial H_z}{\partial t} = \frac{1}{\mu}\left(\frac{\partial E_x}{\partial y} - \frac{\partial E_y}{\partial x} - \sigma_m H_z\right) \tag{4-39}$$

从以上 6 个关于电磁场各分量的一阶偏微分方程组出发，就可以导出麦克斯韦旋度方程的近似差分表达式。

采用具有二阶精度的 Yee 氏网格(场量之间相距半个步长，对时间的微商也相距半个时间步长)，得到的差分方程如下：

$$\begin{aligned}
\frac{E_x^{n+1}\left(i+\frac{1}{2},j,k\right) - E_x^{n}\left(i+\frac{1}{2},j,k\right)}{\Delta t} = & \frac{1}{\varepsilon\left(i+\frac{1}{2},j,k\right)} \\
& \times\left[\frac{H_z^{n+\frac{1}{2}}\left(i+\frac{1}{2},j+\frac{1}{2},k\right) - H_z^{n+\frac{1}{2}}\left(i+\frac{1}{2},j-\frac{1}{2},k\right)}{\Delta y}\right. \\
& \left. -\frac{H_y^{n+\frac{1}{2}}\left(i+\frac{1}{2},j,k+\frac{1}{2}\right) - H_y^{n+\frac{1}{2}}\left(i+\frac{1}{2},j,k-\frac{1}{2}\right)}{\Delta z}\right. \\
& \left. -\sigma_e E_x^{n+\frac{1}{2}}\left(i+\frac{1}{2},j,k\right)\right.
\end{aligned} \tag{4-40}$$

在上面的差分方程中包含相隔半个时间步的三个 E_x 值，这给实际编程带来不便，可采用如下近似方程：

$$E_x^{n+\frac{1}{2}}\left(i+\frac{1}{2},j,k\right)=\frac{1}{2}\left[E_x^{n+1}\left(i+\frac{1}{2},j,j\right)+E_x^{n}\left(i+\frac{1}{2},j,k\right)\right] \tag{4-41}$$

将式(4-40)简化为

$$\begin{aligned}E_x^{n+1}\left(i+\frac{1}{2},j,k\right)=&\frac{2\varepsilon\left(i+\frac{1}{2},j,k\right)-\sigma_e\left(i+\frac{1}{2},j,k\right)\Delta t}{2\varepsilon\left(i+\frac{1}{2},j,k\right)+\sigma_e\left(i+\frac{1}{2},j,k\right)\Delta t}\cdot E_x^{n}\left(i+\frac{1}{2},j,k\right)\\&\times\frac{2\Delta t\varepsilon\left(i+\frac{1}{2},j,k+\frac{1}{2}\right)}{\varepsilon\left(i+\frac{1}{2},j,k\right)\left[2q\left(i+\frac{1}{2},j,k+\frac{1}{2}\right)+\sigma_e\left(i+\frac{1}{2},j,k\right)\Delta t\right]}\\&\times\left[\frac{H_z^{n+\frac{1}{2}}\left(i+\frac{1}{2},j+\frac{1}{2},k\right)-H_z^{n+\frac{1}{2}}\left(i+\frac{1}{2},j-\frac{1}{2},k\right)}{\Delta y}-\frac{H_y^{n+\frac{1}{2}}\left(i+\frac{1}{2},j,k+\frac{1}{2}\right)-H_y^{n+\frac{1}{2}}\left(i+\frac{1}{2},j,k-\frac{1}{2}\right)}{\Delta z}\right]\end{aligned} \tag{4-42}$$

其他电场分量的差分方程也可用类似方法导出。

式(4-42)中由于磁场各分量均在 $n+1/2$ 时间步取值，后面出现的磁场值也应取自 $n+1/2$ 时间步或 $n-1/2$ 时间步，以保证相邻取值的时间步差为一个整时间步，这也可以保证下面方程中出现的电场分量的取值时间与前面电场分量取值的时间相同。对磁场 H_x 的差分为

$$\begin{aligned}H_x^{n+1}\left(i,j+1,k+\frac{1}{2}\right)=&\frac{2\mu\left(i,j+\frac{1}{2},k+\frac{1}{2}\right)-\sigma_m\left(i,j+\frac{1}{2},k+\frac{1}{2}\right)\Delta t}{2\mu\left(i,j+\frac{1}{2},k+\frac{1}{2}\right)+\sigma_m\left(i,j+\frac{1}{2},k+\frac{1}{2}\right)\Delta t}\cdot H_x^{n-\frac{1}{2}}\left(i,j+\frac{1}{2},k+\frac{1}{2}\right)\\&+\frac{2\Delta t}{2\mu\left(i,j+\frac{1}{2},k+\frac{1}{2}\right)+\sigma_m\left(i,j+\frac{1}{2},k+\frac{1}{2}\right)\Delta t}\\&\times\left[\frac{E_y^{n}\left(i,j+\frac{1}{2},k+1\right)-E_y^{n}\left(i,j+\frac{1}{2},k\right)}{\Delta z}-\frac{E_z^{n}\left(i,j+1,k+\frac{1}{2}\right)-E_z^{n}\left(i,j,k+\frac{1}{2}\right)}{\Delta y}\right]\end{aligned} \tag{4-43}$$

对 H_y 和 H_z 有同样的方程，为简化起见，这里不再写出。

FDTD 算法的一大特点是：任一网格节点上的电场分量只与它上一个时间步的值及四周环绕它的磁场分量有关；同样地，任一网格节点上的磁场分量也只与它上一个时间步时的值及四周环绕它的电场分量有关。这样的电磁场空间配置符

合电磁场的基本规律——法拉第电磁感应定律和安培环路定理，亦即麦克斯韦方程的基本要求，因而也符合电磁波在空间传播的规律。

在井下全空间 FDTD 模拟计算中的边界条件，由前面一节给出的推迟场公式计算。当然，在实际计算中还有不少技巧。

与一般用于散射问题的 FDTD 算法不同，矿井瞬变电磁场中包含激励源，因此除了要模拟被研究的介质外，另外一个重要任务是模拟激励源。实际发射线圈存在时间延迟，因此阶跃脉冲实际上有一斜波，本书中对激励源的模拟是考虑斜波以后的波形。此外，还引入了虚拟位移电流概念，其取值原则是必须保证算法的稳定性和使引进的虚拟位移电流项不影响计算结果。

下面介绍全空间矿井瞬变电磁场响应数值模拟结果。图 4-8 是模拟矿井瞬变电磁法探测的地电模型，图 4-9 是根据图 4-8 的模型模拟巷道顶、底板存在低阻体(相当于压裂液)情况下瞬变电场在 1.256 μs、0.03 ms 时刻的等值线。图中模型参数分别是：ρ_0=2500 Ω·m，ρ_1=5 Ω·m，ρ_2=250 Ω·m，ρ_3=5000 Ω·m，ρ_4=50 Ω·m。由图 4-9 可知，在高阻层中电场等值线未发生畸变，而在低阻层中电场等值线较密集，特别是在低阻体位置等值线发生明显畸变，在低阻体处及其附近等值线密集、梯度变大。因此，瞬变电磁场对低阻体敏感，有良好的分辨率，这就是利用矿井瞬变电磁法探测含水地质构造的依据。

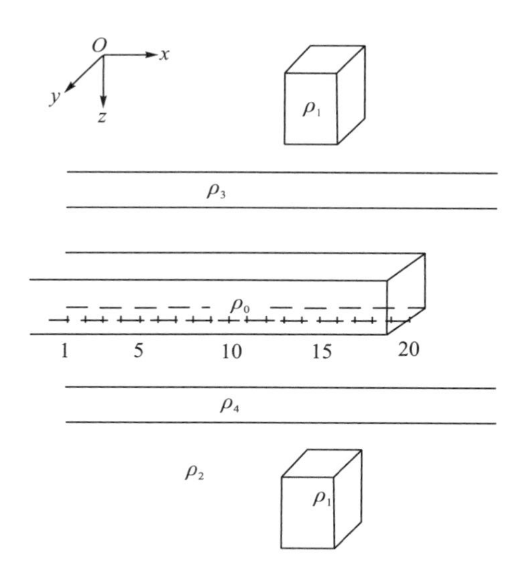

图 4-8 矿井瞬变电磁法探测地电模型

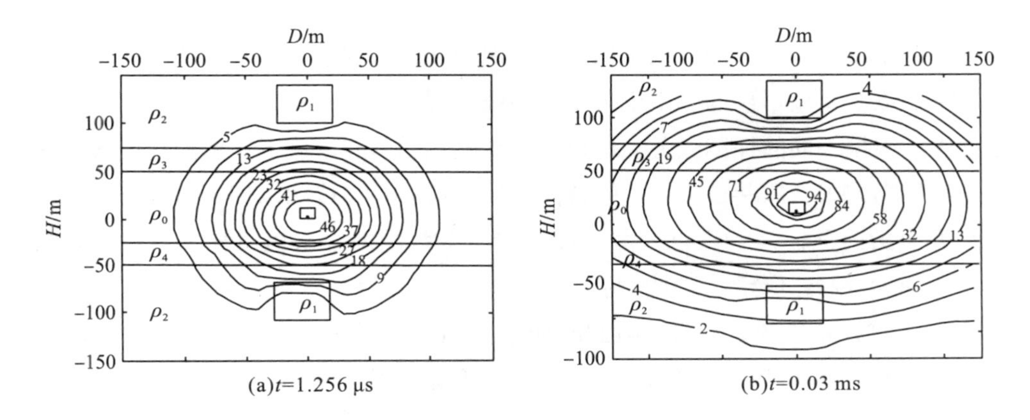

(a)t=1.256 μs　(b)t=0.03 ms

图 4-9　巷道顶、底板含低阻体情况下瞬变电场在不同时刻的等值线

4.2.2　瞬变电磁法井下施工方法

矿井瞬变电磁法与地面探测方法相比，相应的施工方法和解释方法需进行根本性的改变。由于受巷道空间限制，矿井瞬变电磁法要在有限的井下空间布置装置，线圈不能太大，通常采用 1～2 m 边长的小回线装置，且要求能够达到一定的探测深度，这就要求通过增加线圈匝数进而增大发射磁偶极矩、尽可能增大发射电流、提高仪器灵敏度和抗干扰能力等来满足探测要求。

矿井瞬变电磁法超前探测的原理如图 4-10 所示，掘进头超前探测常用的工作装置如图 4-11 所示。现场工作时把发送线圈固定在支架上，接收探头固定在发射支架的正中间，整个装置直立紧贴在掘进面上，观测点间距一般为 0.5 m，逐渐移动支架进行观测，就可以获得一条短剖面的观测数据。

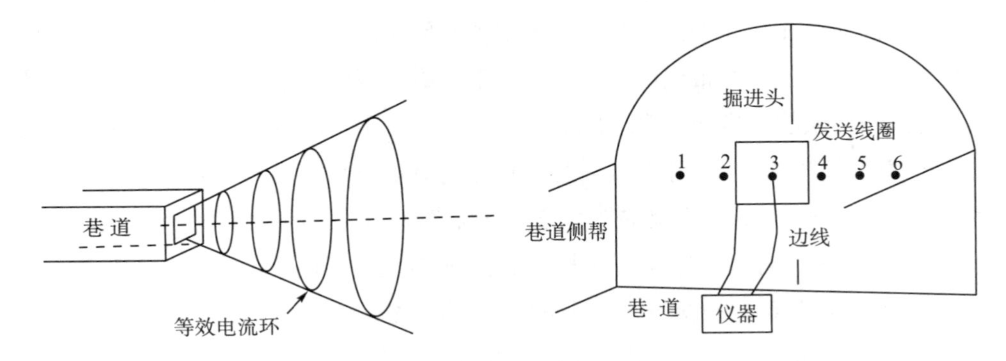

图 4-10　矿井瞬变电磁法超前探测原理图　图 4-11　矿井瞬变电磁法超前探测施工布置示意图

在井下施工方法方面，应根据实际情况改变发射线圈与接收探头角度进行连续观测，以获得扇形剖面。由于采用小回线装置，探测更有方向性。在井下施工过程中，根据不同的探测任务，可以通过调整线圈与巷道底板之间的角度改变线圈法线的指向来获取巷道不同空间范围的地电信息。当线圈以仰视角度架设时，探测方向指向顶板，就可以探测顶板一定高度范围内含水地质异常体的分布情况，如图 4-12(a)所示；当线圈直立于巷道时，可以超前探测掘进头正前方含水异常体的分布位置，如图 4-12(b)所示；当线圈以俯视角度架设时，探测方向指向底板，就可以超前探测底板一定深度范围内含水地质异常体的分布情况，如图 4-12(c)所示。

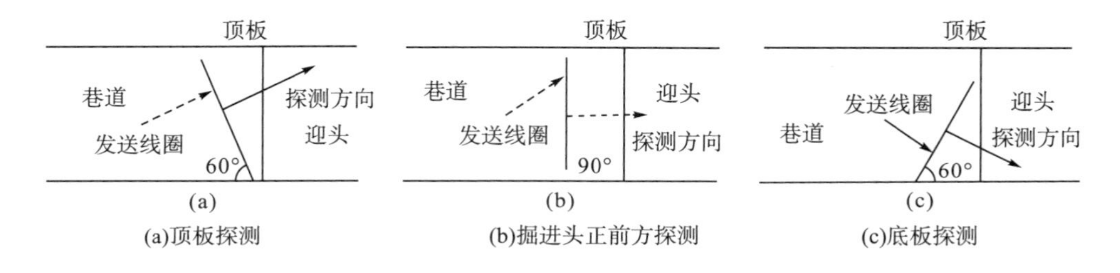

图 4-12　矿井瞬变电磁法超前探测方向示意图

4.2.3　井下干扰分析

在这里，我们将非地质因素引起的瞬变电磁场观测信号的改变称为干扰。进一步地，将非地质探测目标引起的瞬变电磁信号的改变也称为干扰。非地质探测目标包括地形影响、地表不均匀引起的静态偏移等，这些不是我们所要观测的内容，但它们的存在往往干扰了我们对既定地质问题的判断，因此，它们虽然是地质因素，但不是我们所希望出现的。在井下电磁勘探中，最主要的非地质因素是由巷道掘进形成的浮岩和浮煤造成的静态偏移。对于采用接地电极的勘探方法来说(如矿井直流电法)，对静态偏移的识别与剔除是非常必要的。如果我们采用不接地回线作为瞬变电磁场探测的发射与接收回线，即前面所述的中心回线装置，则无须考虑静态偏移问题。对施工场地的高度适应性是中心回线装置的突出优点。

由此可知，在矿井瞬变电磁法探测中，非地质探测目标造成的干扰并没有占据主要地位，而非地质因素的干扰则是需要着力解决的问题。总的来说，这些非地质因素主要分成两大类：①人为干扰；②电磁干扰。其中，人为干扰有井下铁轨、工字钢支护、锚杆支护、采掘机电设备和运输皮带支架等人为设施的影响，这些人为设施使得矿井瞬变电磁法探测比地面要复杂得多，研究它们产生的瞬变电磁响应特征，对矿井瞬变电磁法探测的数据采集、资料处理和解释工作都具有重要的理论意义和实用价值。当然这项工作难度很大，最好的办法是尽量避开或移开这些干扰体。而对于随机电磁干扰，可以增大发射电流和采用多次叠加技术来克服。

4.2.4　矿井瞬变电磁法探测仪器

矿井瞬变电磁法探测仪器采用中煤科工集团西安研究院有限公司研制生产的 YCS2000A 矿用瞬变电磁仪，如图 4-13 所示。该仪器采用目前最新的电子技术，大大地提高了仪器的抗干扰能力和测量精度，其主要性能指标表 4-4。

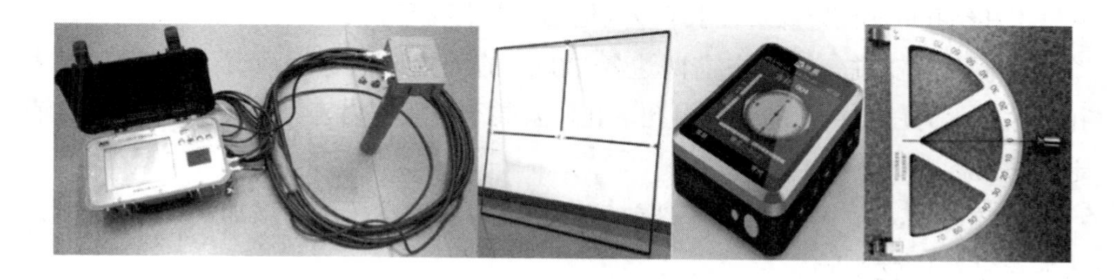

图 4-13　YCS2000A 矿用瞬变电磁仪

表 4-4　YCS2000A 矿用瞬变电磁仪主要性能指标

部件	名称	性能指标或特性
主机发射部分	发射信号	双极性方波，占空比 49%～51%
	发射频率	2.5 Hz，6.25 Hz，12.5 Hz，25 Hz
	最大发射电流	4.5 A
	最大发射电压	6.5 V
主机接收部分	接收信号	正弦波
	接收电压	≤ 5 V(峰值)
	动态范围	130 dB(输入频率 325 Hz)
	工频抑制	≥75 dB(输入频率 50 Hz、1 V 峰值)
	重复测量误差	≤0.1%(输入有效值 100 MV、325 Hz 正弦波)
	开路电压	$U\leqslant$ 16.4 V
	短路电流	$I\leqslant$ 165 mA

续表

部件	名称	性能指标或特性
接收天线部分	工作时间	16 h
	传输信号	脉冲信号
	最大输出电压	5 V(峰值)
	放大倍数	×1、×10
	最高响应频率	100 kHz

4.3 钻探法压裂影响范围探测技术

钻探法确定压裂影响范围就是通过传统打孔方式，利用压裂影响区内的钻孔出水情况和钻孔取芯测定煤层含水率或其他瓦斯参数确定水力压裂影响范围的方法。

压裂孔施工前，在其左右两边各 30 m 的位置按一定间距设计施工若干钻孔，按照水力压裂钻孔的要求封孔，孔口安装承高压压力表。压裂影响范围的确定方法及标准如下：

(1) 钻孔压力。检测钻孔压裂前后观测压力表读数，压力增加 10%以上，可认为该钻孔区受影响。

(2) 抽采参数。压裂孔和考察孔施工以后，水泥浆封孔，连续 3 天测试抽采浓度、抽采流量等参数；待压裂结束后，联管带抽全程测定抽采参数，以进行压裂效果的对比考察。抽采参数增加 10%以上，可认为该钻孔区受影响。

(3) 自然瓦斯流量、衰减系数、透气性系数测试。压裂施工前、压裂强化抽采后，利用煤层内施工的取样钻孔，进行瓦斯的自然参数的获取，并计算出煤层压裂前后的衰减系数和透气性系数，进行压裂效果的对比考察。自然瓦斯流量参数增加 10%以上、衰减系数减少 30%或者透气性系数增加 50%以上，可认为该钻孔区受影响。

4.4 水力压裂影响范围的联合判定方法

研究表明，微震监测技术和矿井瞬变电磁法均是井下煤层水力压裂范围监测的有效方法。应用这两种方法进行综合解释能优势互补、相互验证，提高解释成果的可靠性和精度。与其他任何物探方法一样，微震监测技术和矿井瞬变电磁法均有其局限性及适用条件。由于微震监测的目标多为压裂破裂体，定位的震源实际上是初始破裂点，原则上不能代表一个地震的全部破裂面积或体积，因此，由微震震源定位的空间分布描述的压裂影响范围往往比实际偏小，但对主要压裂破裂点的三维空间定位较为准确可靠；而矿井瞬变电磁法具有施工方便、快捷且对低阻体敏感的优点，但在本质上仍属体积勘探方法，由于体积效应的影响，其探测结果往往比实际压裂影响范围偏大，且易受压裂区内及周围金属或含水地质异常体的影响。因此，综合应用这两种方法，一方面在三维空间特别是高度方向依靠微震定位；另一方面在圈定压裂影响平面分布范围上主要依靠矿井瞬变电磁法定位，并在此基础上结合其他条件(如现场观察资料等)进行综合解释能提高解释成果的可靠性和精度。

微震和矿井瞬变电磁法联合监测的工作程序依次如下：

(1) 井下压裂施工现场踏勘，测点布设。为保证监测区能形成合理的空间监测结构，减少高度方向的监测误差，需要充分利用井下巷道空间合理布设测点，达到最佳监测效果。因此，必须进行井下现场踏勘，在此基础上进行测点布设。

(2) 根据测点设计图在井下相应巷道内采用卷尺将测点位置及名称标注在巷道侧帮距离底板 1.5 m 处，以便施工时能快速找到测点。微震监测点的位置可以根据井下巷道实际情况进行稍微调整，如为了找到合适的锚杆固定检波器，可在设计测点位置前后 2 m 范围内作调整。

(3) 根据测点设计图在测区内均匀选取 3～4 个微震测点，在这些微震测点左右各 1 m 的合适位置处标定炮点。

(4) 采用经纬仪或全站仪等精确测量工具对标注好的微震测点三维坐标进行精确测量，如不具备测量条件也可根据卷尺的测量值在采掘工程平面图上拾取测点的三维坐标值，并建立表格记录各点的坐标值。

(5) 如果条件允许，最好能够将瞬变电磁法测区内的钢管、铁轨等金属物拆除，在应用矿井瞬变电磁法测量的过程中将测区内供电电缆的电源暂时断开。

(6) 如果微震测点处没有锚杆，则需要在微震测点处垂直于巷道侧帮打孔，孔深 1 m，并且采用水泥将锚杆或者钢筋等固定于孔中，孔外露头 10 cm。

(7) 标定炮放炮时间确定后，于放标定炮前一天，将检波器安装于部分微震测点的锚杆或者钢筋上，并且给 YTZ3-Z 井下微地震仪充电；设置数据采集时间、采样率以及增益等参数，放炮当天将检波器连接到 YTZ3-Z 井下微地震仪上，开机；在标定炮点处垂直巷道侧帮打孔，孔深 2 m，药量 200 g；记录放炮时间，以便在监测数据中快速找到放炮记录；所有标定炮都放完后，将 YTZ3-Z 井下微地震仪关机，带回地面。

(8)压裂前采用 YCS2000A 矿用瞬变电磁仪对测区的背景值进行测量。

(9)在地面分析放炮记录数据，计算并确定地震波在测区岩层中的传播速度。

(10)压裂时间确定后，于压裂前一天，将检波器安装于测区微震测点的锚杆或者钢筋上，并且给 YTZ3-Z 井下微地震仪充电，设置数据采集时间、采样率以及增益等参数；压裂当天将检波器连接到 YTZ3-Z 井下微地震仪上，开机；待压裂结束后，将 YTZ3-Z 井下微地震仪关机，带回到地面。

(11)压裂结束后及时采用 YCS2000A 矿用瞬变电磁仪在瞬变电磁测点处对压裂后的异常场进行测量。

(12)资料处理与分析，并结合井下现场压裂情况进行综合解释。

4.5 现场工业性试验

4.5.1 试验地点概况

东林煤矿 33 采区 3603 二段工作面为本次水力压裂监测范围，在该工作面上方距煤层 16 m 的顶板开掘了-350 m 矽抽巷，距离煤层 70 m 处的底板开掘了-350 m 茅口大巷，-350 m 矽抽巷和-350 m 茅口大巷之间有三石门和五石门，三石门与五石门之间相距 900 m 为工作面走向长；在标高-270 m 的煤层顶板 16 m 处开拓-270 m 矽抽巷，但是-270 m 矽抽巷尚未全部贯通，仅在-350 m 三石门和五石门上方附近掘进；在标高为-350 m 处的距离煤层顶板 16 m 和距离煤层底板 70 m 处分别开拓-350 m 矽抽巷、-350 m 茅口大巷，在-350 m 矽抽巷和-350 m 茅口大巷之间开拓三石门和五石门，详细情况如图 4-14、图 4-15 所示。图 4-14 上部分为 3063 二段工作面平面图，下部分为工作面立面图。

3063 二段工作面所开采 6#煤层为高瓦斯煤层，瓦斯浓度高、压力大，属突出煤层。工作面回采前在围岩巷道中采用向上穿层钻孔瓦斯抽采技术，并配合井下煤层水力压裂技术抽采煤层钻进的瓦斯，如图 4-16 所示，图中虚线即为从抽放巷向上煤层钻进的穿煤层钻孔。瓦斯抽采方案中要在抽采巷每隔一定距离部署一个穿层孔以进行水力压裂和瓦斯抽采，但是穿层孔的布置与水力压裂存在以下问题，需要进一步研究解决。

(1) 水力压裂范围直接影响穿层孔的间距。孔距太小，则瓦斯抽采成本太高；孔距太大，则影响瓦斯抽采效果，缺乏合理孔距参数。

(2) 水力压裂过程中，压力大小、压裂时间与压裂范围的关系尚不清楚。

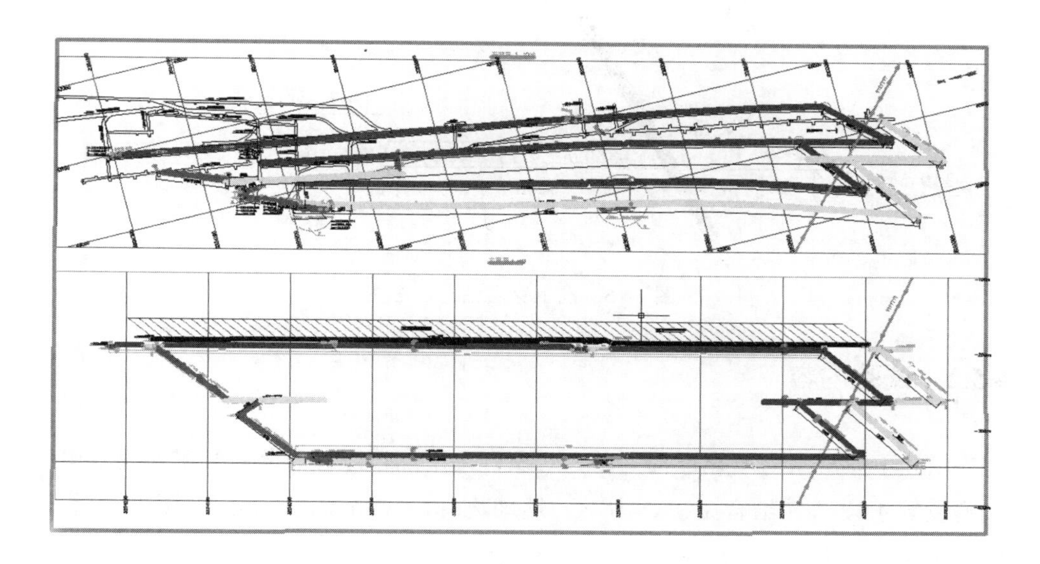

图 4-14　东林煤矿 33 采区 3603 二段工作面

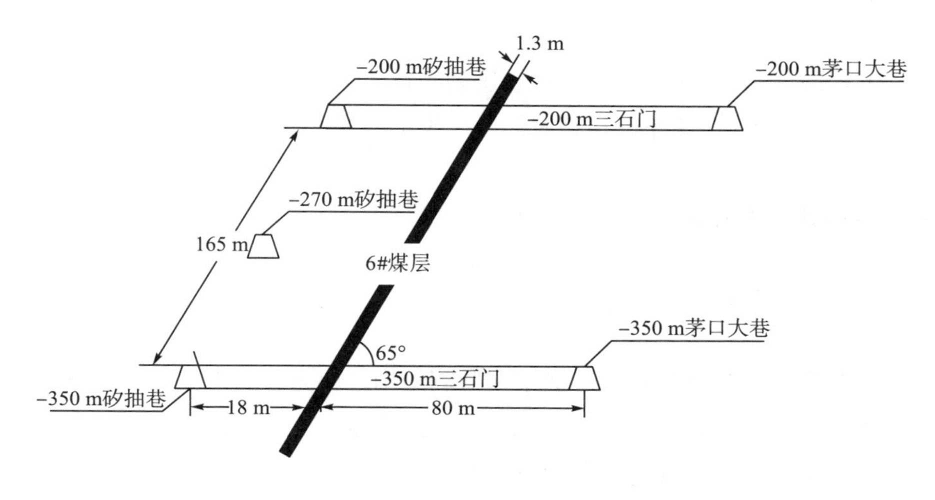

图 4-15　东林煤矿 33 采区 3603 二段工作面垂直断面图

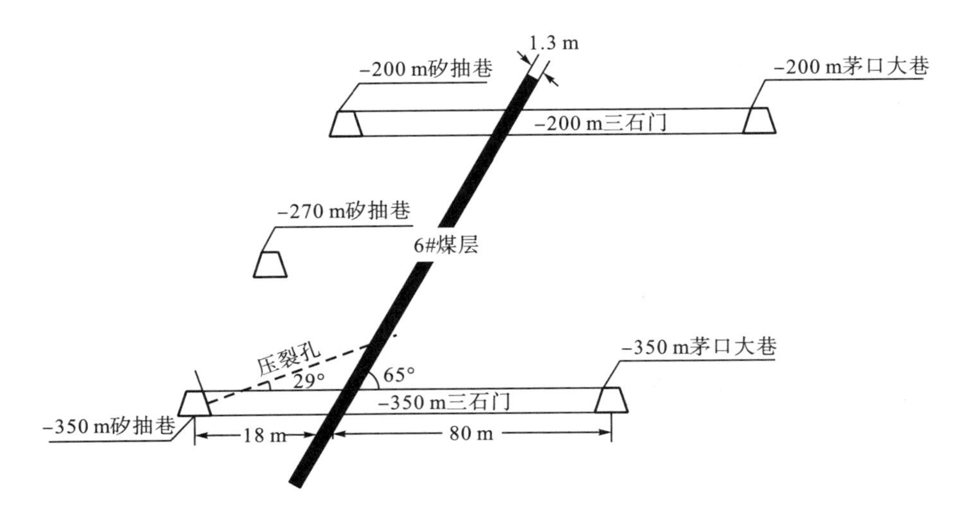

图 4-16 向上穿层钻孔示意图

4.5.2 试验内容

以井下煤层水力压裂过程为研究对象，采用高精度微震监测和矿井瞬变电磁法测量等手段，并结合采矿、力学、地球物理、矿山压力、地质工程等相关理论，研究兴隆矿井下煤层水力压裂破裂范围，为科学地进行瓦斯抽采设计提供科学依据。主要研究内容如下：

(1) 采用微震监测手段监测由水力压裂引起的煤层及其顶底板岩层的破裂过程、破裂范围。

(2) 采用矿井瞬变电磁法测量水力压裂破裂范围。

(3) 研究水力压力大小、压裂时间与压裂范围的关系。

4.5.3 监测技术方案

1.微震监测方案

为保证监测区域能形成合理的空间监测结构，应充分利用井下巷道空间布置测点。经过井下现场多次踏勘，确定在-200 m 矽抽巷、-200 m 茅口大巷、-350 m 矽抽巷、-350 m 茅口大巷以及回风上山布设测点。

图 4-17、图 4-18 分别为 1#压裂孔、2#压裂孔水力压裂范围微震监测测点布置图。

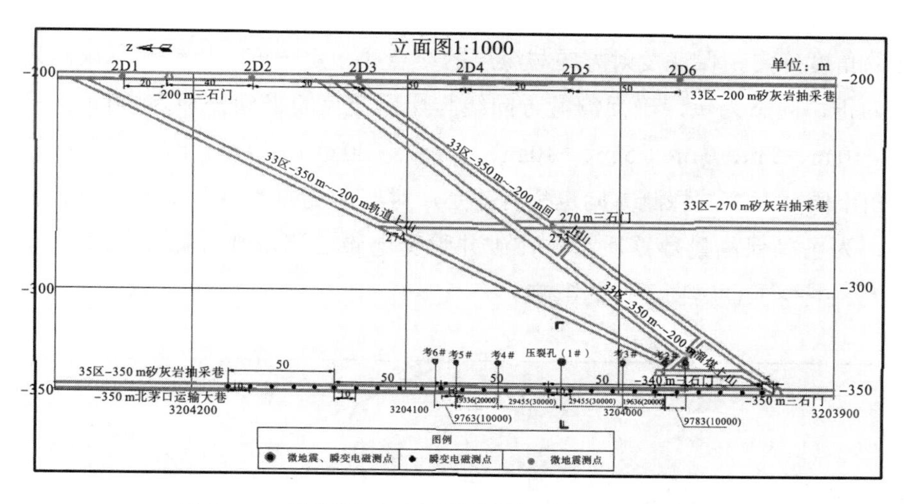

图 4-17　1#压裂孔水力压裂范围微震监测测点布置图

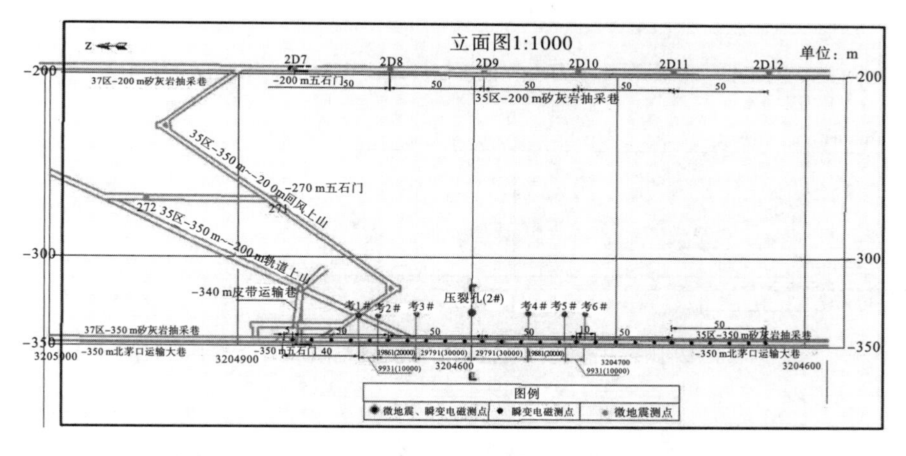

图 4-18　2#压裂孔水力压裂范围微震监测测点布置图

2.矿井瞬变电磁法监测方案

通过井下现场踏勘，矿井瞬变电磁法宜在-350 m 矽抽巷进行测量。图 4-19、图 4-20 分别为三石门侧 1#压裂孔、五石门侧 2#压裂孔水力压裂范围监测矿井瞬变电磁法测点布置图。

为了使矿井瞬变电磁法的测量范围与水力压裂影响范围在空间上最佳耦合，根据压裂煤层的倾角设计了每个测点的测量剖面，如图 4-21 和图 4-22 所示。为了更加准确地测量压裂前后监测区域地层电阻率的变化，每个测点在压裂前后都要进行 11 个角度的测量。发送线圈方向(线圈的法向)根据煤层的倾角以及压裂钻孔的角度确定，保证发射方向与煤层的交点成一定角度，以钻孔见煤点为 0，向上为正，向下为负，确保测量方向线与煤层交点的坐标分别为 40 m、30 m、20 m、10 m、5 m、0 m、−5 m、−10 m、−20 m、−30 m、−40 m。由于两个石门的煤层倾角不同，对应的探测方向也稍有差别，对应情况如图 4-21、图 4-22 所示。此外，为了确保测量数据质量，在矿井瞬变电磁法测量地段撤掉了铁轨等金属物，大大减少了金属物干扰的影响。

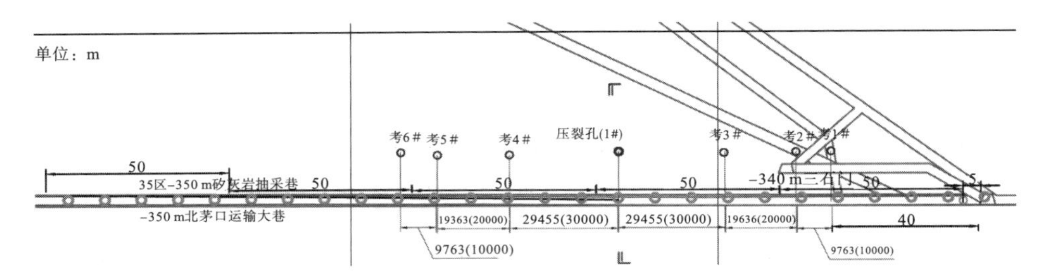

图 4-19　1#压裂孔水力压裂范围矿井瞬变电磁法监测测点布置图

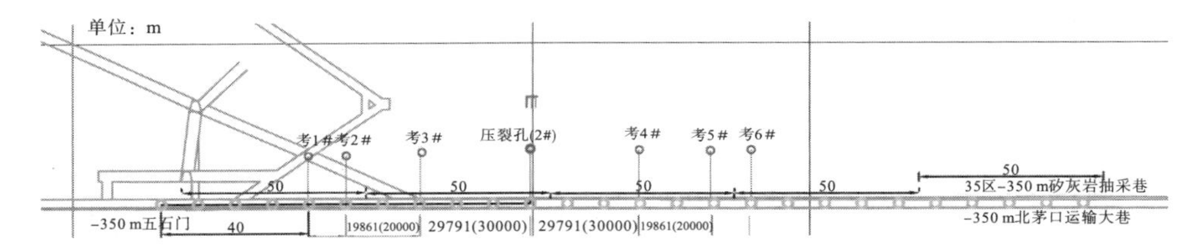

图 4-20　2#压裂孔水力压裂范围矿井瞬变电磁法监测测点布置图

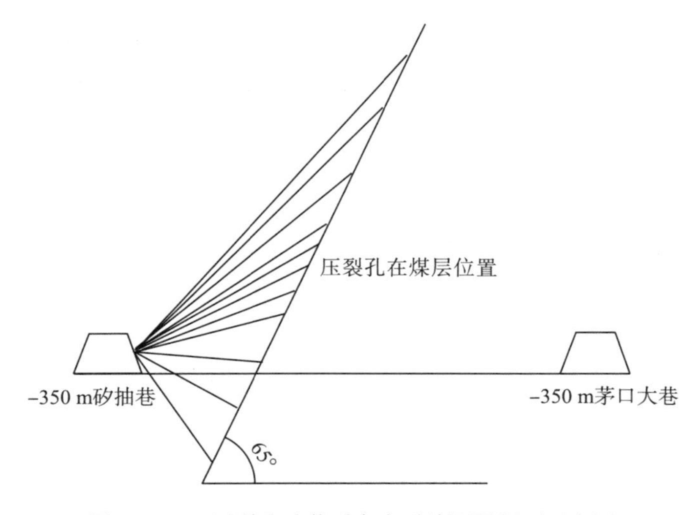

图 4-21　1#压裂孔矿井瞬变电磁法测量剖面示意图

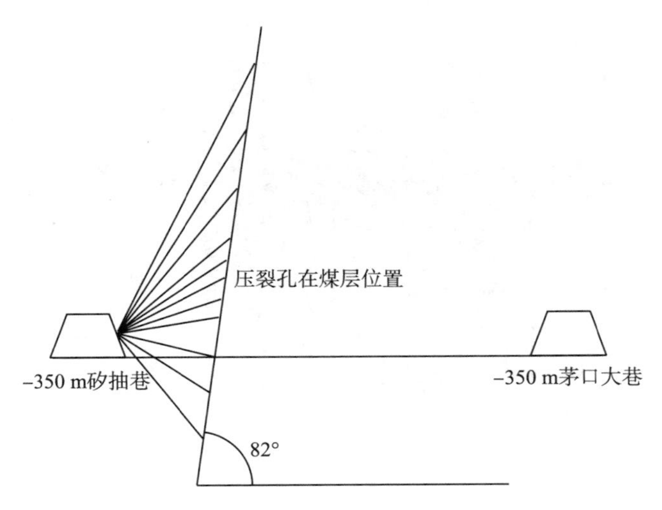

图 4-22　2#压裂孔矿井瞬变电磁法测量剖面示意图

两处石门测量范围均为 250 m，测量点间距为 10 m，五石门自压裂孔从运输大巷由里 100 m 向外测量，三石门自压裂孔从运输大巷里 150 m 向外开始测量。测量长度共计 500 m，累计完成物理测点 1144 个。

4.5.4　监测结果及分析

微震监测和矿井瞬变电磁法监测的资料处理方法与兴隆煤矿水力压裂监测资料处理方法类似，为避免重复，这里不再赘述。下面介绍两种方法的监测结果。

1.微震监测结果及分析

1) 1#压裂孔压裂监测

压裂情况：压裂时间 4 h；压力 26 MPa，2 h 后 37 MPa；流量 13 m^3/h。

监测结果：1#压裂孔压裂获得的微震信号波形如图 4-23～图 4-30 所示。从微震原始记录看，1#压裂孔压裂获得的微震事件仅 8 个，事件个数较少，且每个事件的初至时距关系及能量关系没有一致性，不能反映水力压裂破裂的范围。

微震定位情况：图 4-31 为三石门 1#压裂孔压裂传感器实际布设位置(锥形为传感器位置)及 8 个微震事件定位结果(球体)综合显示图，从图中可以看出，微震定位结果仅有 2 个点位于压裂区内，其他点分散分布，推测为压裂区附近局部震动所致，并非水力压裂产生的微震信号所致。

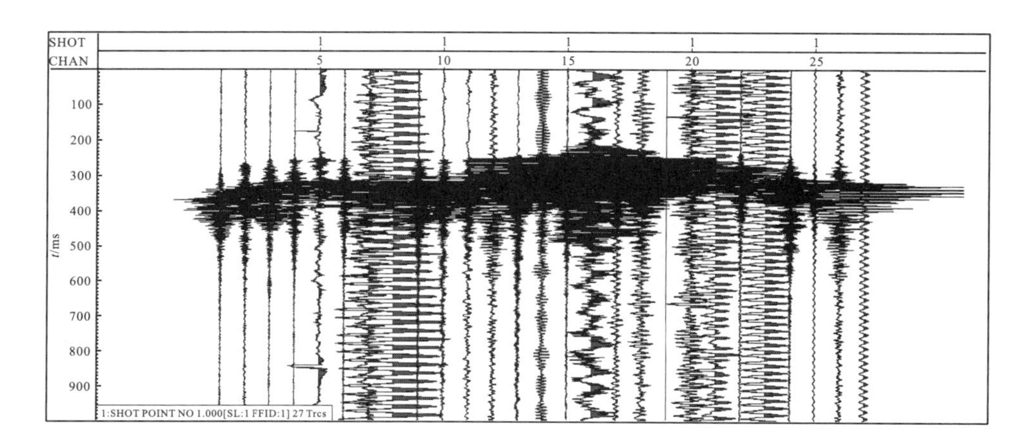

图 4-23　1#压裂孔压裂产生微震事件 1 波形

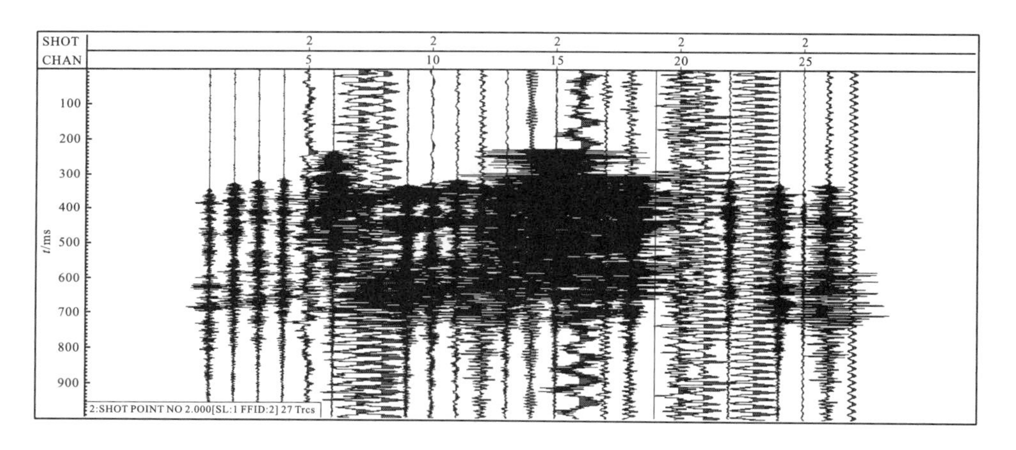

图 4-24　1#压裂孔压裂产生微震事件 2 波形

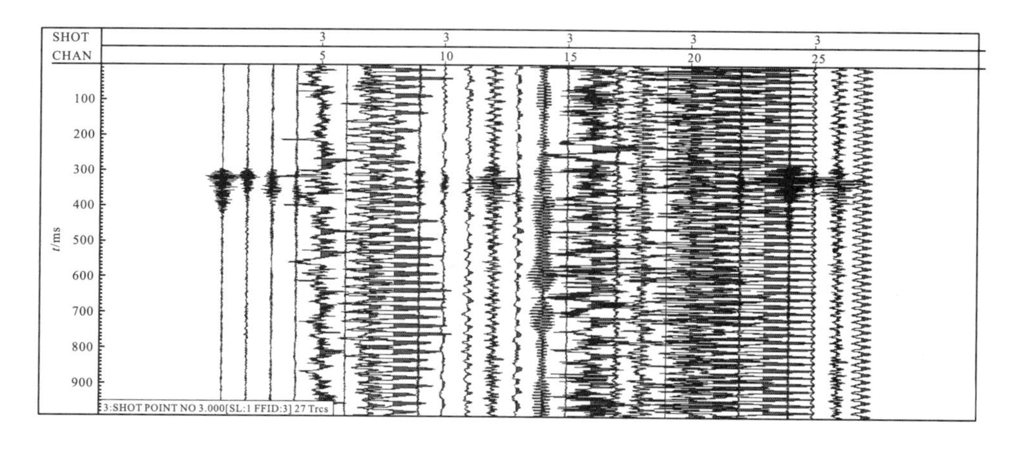

图 4-25　1#压裂孔压裂产生微震事件 3 波形

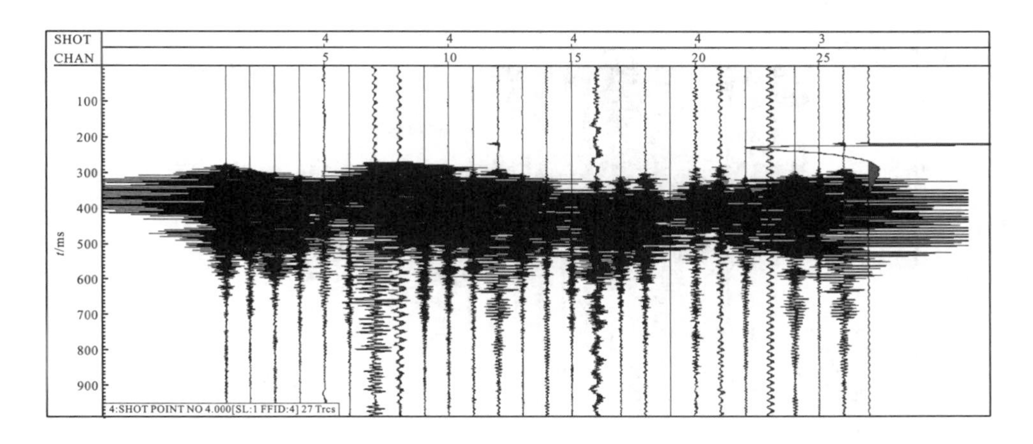

图 4-26　1#压裂孔压裂产生微震事件 4 波形

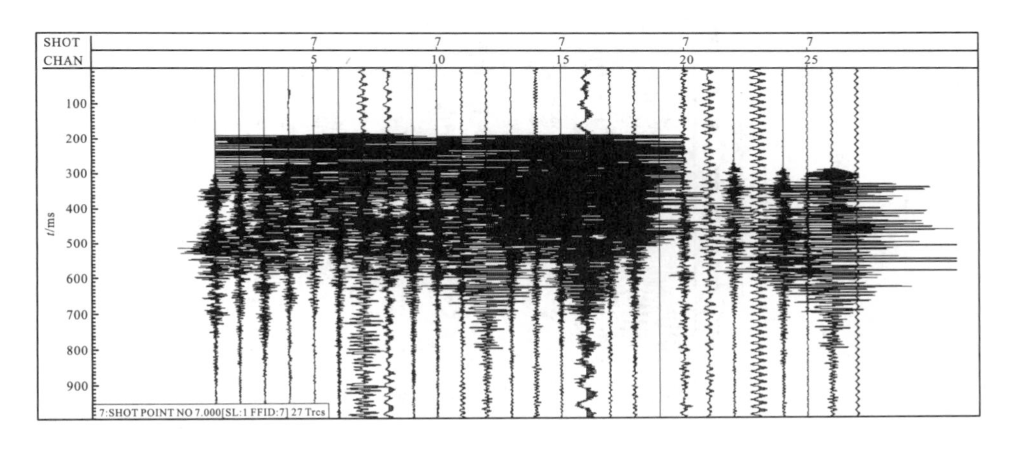

图 4-27　1#压裂孔压裂产生微震事件 5 波形

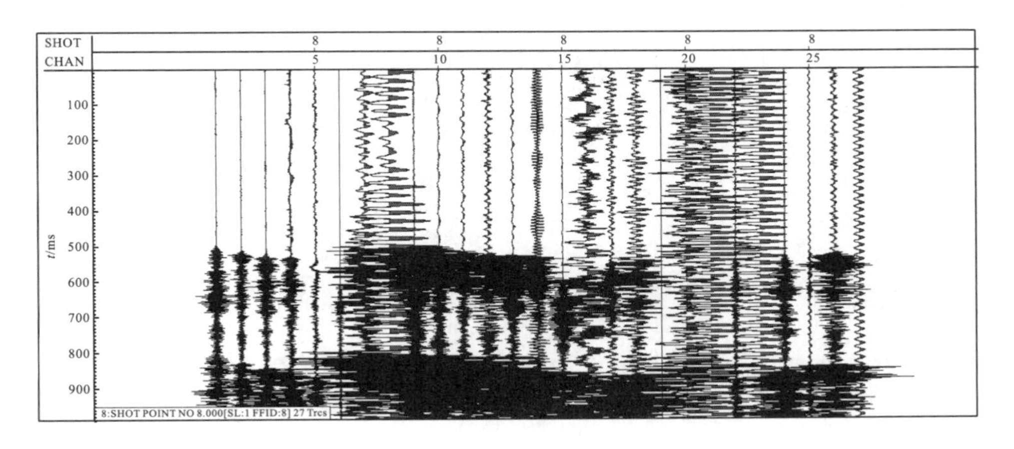

图 4-28　1#压裂孔压裂产生微震事件 6 波形

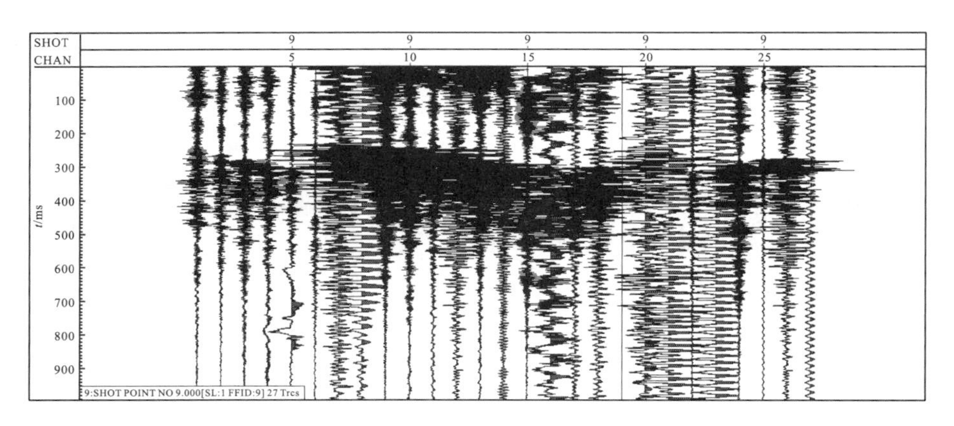

图 4-29 1#压裂孔压裂产生微震事件 7 波形

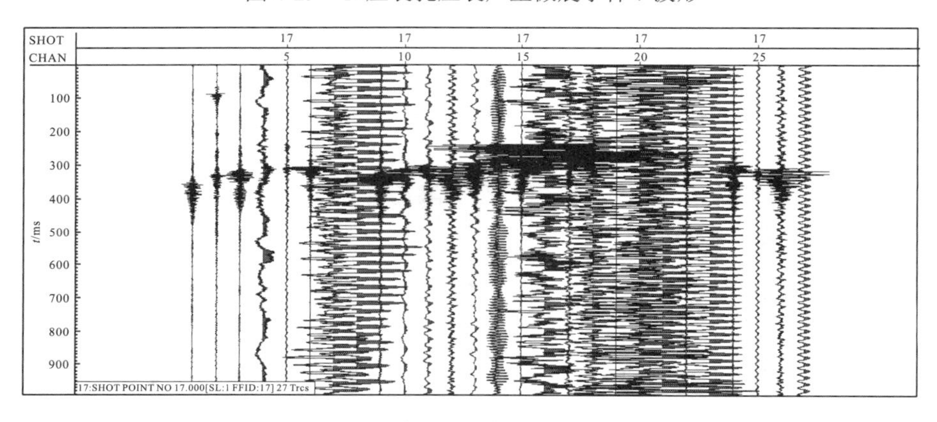

图 4-30 1#压裂孔压裂产生微震事件 8 波形

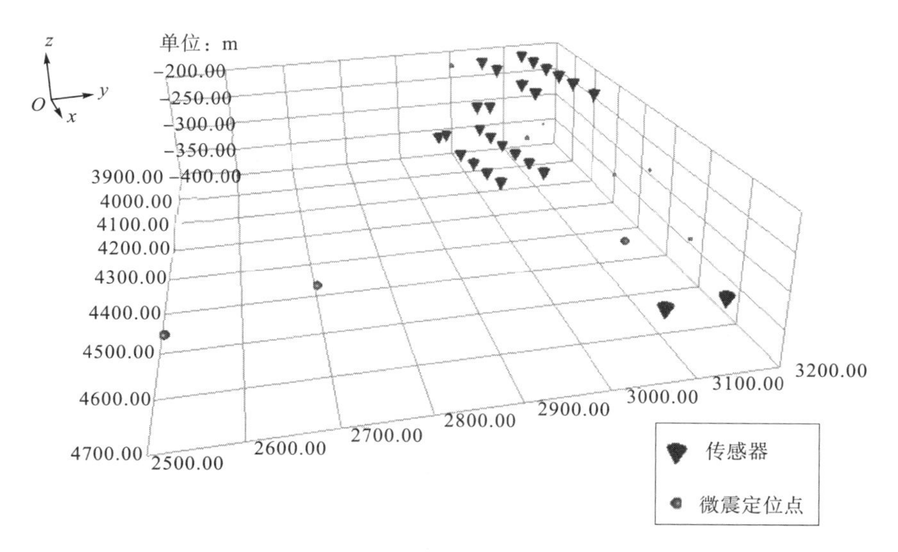

图 4-31 1#压裂孔压裂产生微震定位结果

2) 2#压裂孔压裂监测

压裂情况：压裂时间 3 h；压力 37 MPa；流量 13 m^3/h。监测结果：从 2#压裂孔压裂获得约 21 个疑似微震信号波形(部分波形见图 4-32～图 4-37)，但是从微震信号原始记录来看，仅−350 m 矽抽巷接收点接收到信号，且信号比较低，推断所有信号均不是水力压裂产生的微震信号，而是巷道附近局部的震动所致。因此，从所得到的微震信号来分析、判断，2#压裂孔压裂未产生有效的微震信号。这是因为微震是指在水力压裂过程中，煤层或者局部范围内岩石在断裂时以地震波形式产生的微小震动，一般情况下为脆性破裂。煤层越硬，压力越大，脆性破裂越多，微震事件越多，反之亦然。东林煤矿煤层硬度系数为 0.2，为极软煤层，因此，压裂时产生脆性破裂很少，这也是微震事件很少难以监测到的根本原因。

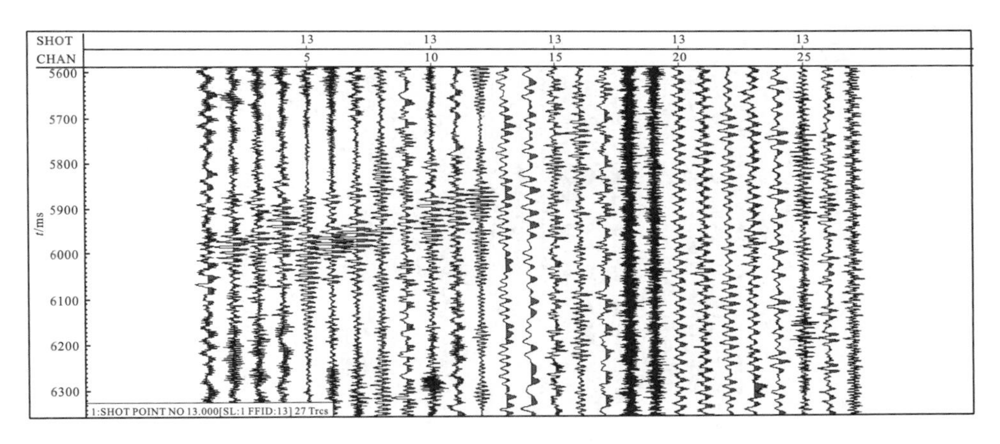

图 4-32　2#压裂孔压裂产生微震事件 1 波形

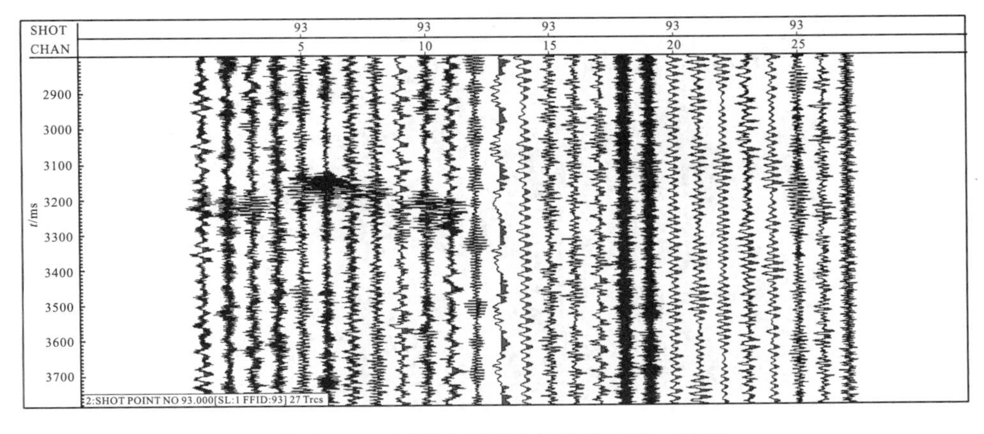

图 4-33　2#压裂孔压裂产生微震事件 2 波形

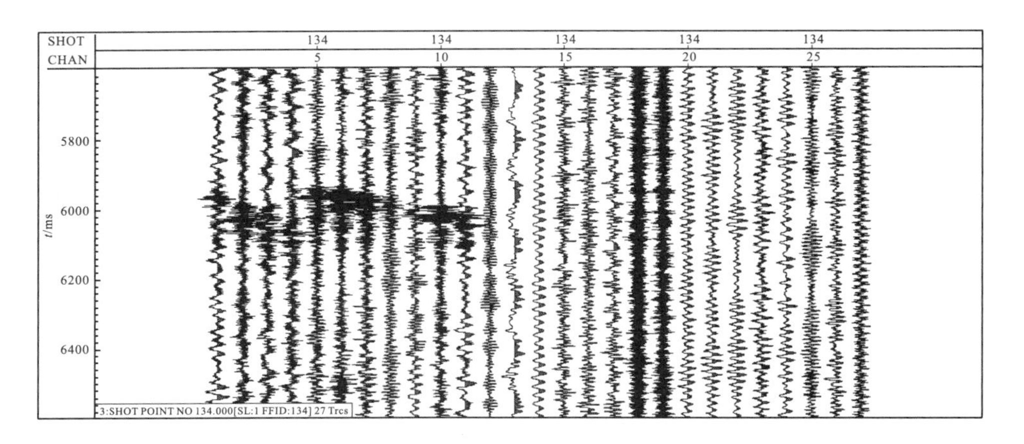

图 4-34 2#压裂孔压裂产生微震事件 3 波形

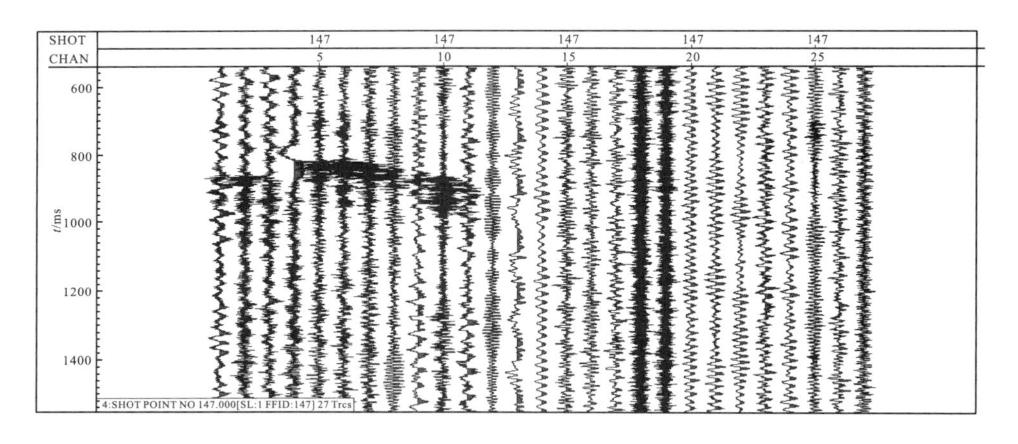

图 4-35 2#压裂孔压裂产生微震事件 4 波形

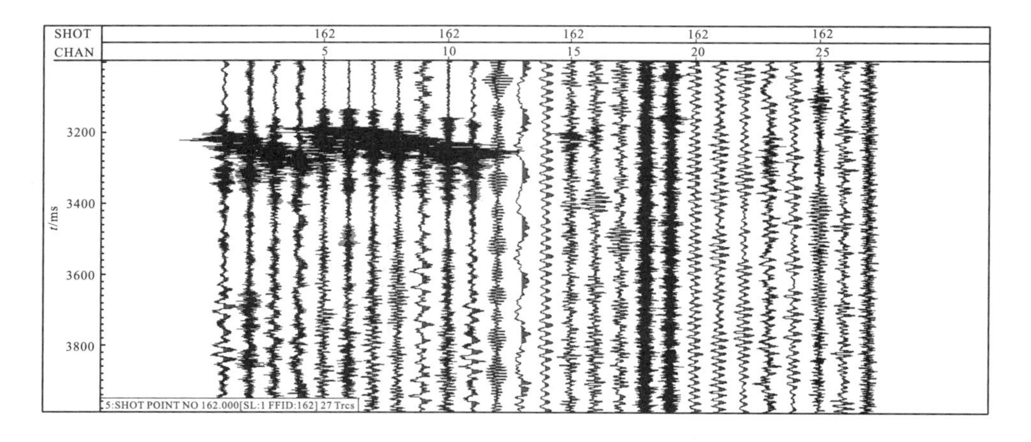

图 4-36 2#压裂孔压裂产生微震事件 5 波形

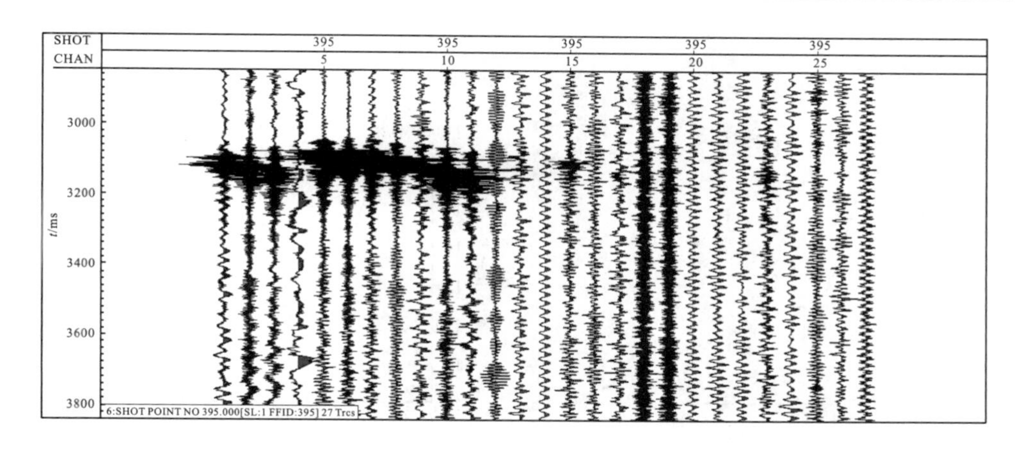

图 4-37　2#压裂孔压裂产生微震事件 6 波形

2.矿井瞬变电磁法监测结果及分析

井下采集的数据为感生电动势，如图 4-38 所示。图的横坐标为算术坐标，表示采集数据的时间；图的纵坐标为对数坐标，表示归一化的感生电动势。这是一条衰减曲线，单从此曲线反映不出地电断面结构，一般应转换为视电阻率。这里采用全期视电阻率公式进行计算。

与兴隆煤矿水力压裂监测采集的资料相比，在东林煤矿采集到的原始数据资料质量更好，衰减曲线尾支更为光滑，这说明撤掉巷道中铁轨等金属物确实有利于提高矿井瞬变电磁法采集数据资料的质量。

下面介绍矿井瞬变电磁法监测结果并对其进行分析。

图 4-39～图 4-42 分别是东林煤矿 33 采区 3603 二段工作面 1#压裂孔和 2#压裂孔压裂前后监测获得的顺煤层视电阻率等值线平面图。图中由深色到浅色代表视电阻率由小到大的变化。一般情况下，在地层层位分布稳定、岩性相对均匀的情况下，电性分布也较稳定，视电阻率等值线分布均匀、变化平缓。若存在含水、导水构造或岩层富水情况，则电性均匀分布规律被打破，反映在平面图上为视电阻率局部减小，视电阻率等值线扭曲、变形成圈闭或呈密集条带状等形态。在视电阻率等值线平面图中，低阻异常区表现为深色，且导电性越好，颜色越深。视电阻率越小，说明地层的相对综合导电性越好；若含水，则相对富水性也就越强。从图中可知，压裂前视电阻率相对较大，没有明显的低阻异常带；而压裂后视电阻率普遍减小，电性分布规律被打破，在 1#压裂孔和 2#压裂孔周围(主要是下方)均存在明显的、集中的深色低阻异常带。通过对压裂前后顺煤层平面视

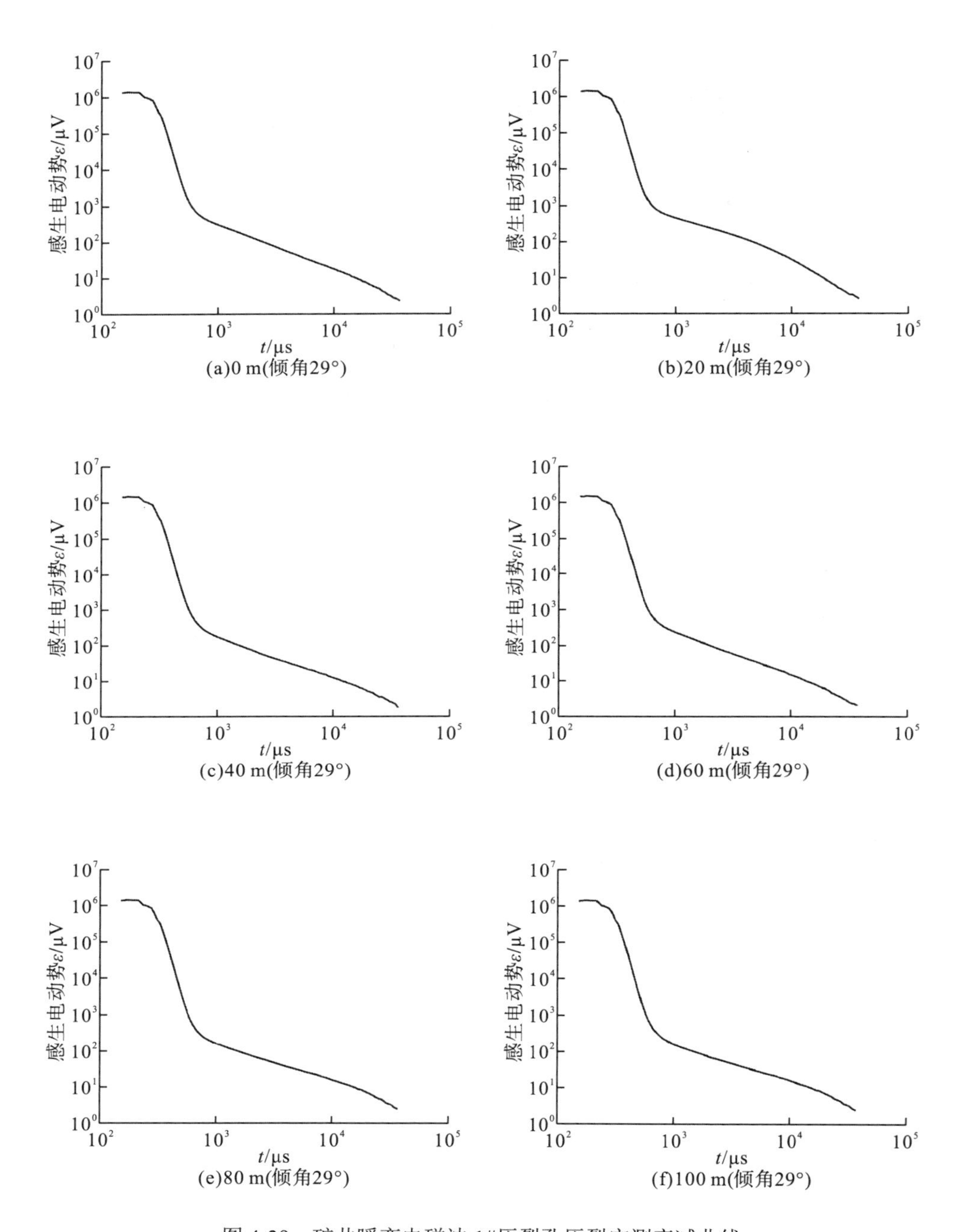

图 4-38 矿井瞬变电磁法 1#压裂孔压裂实测衰减曲线

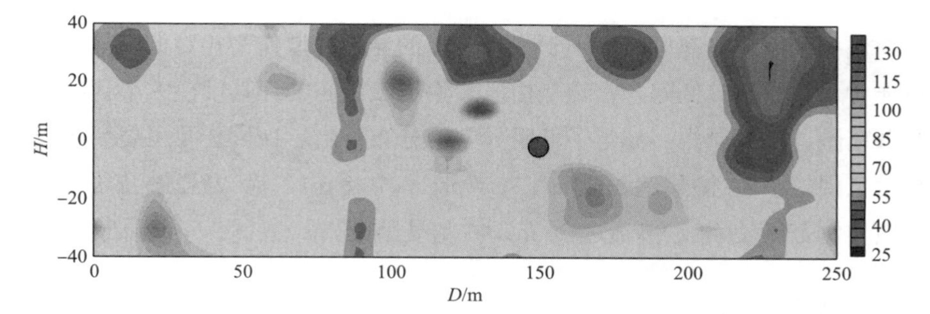

图 4-39　1#压裂孔压裂前顺煤层视电阻率背景场

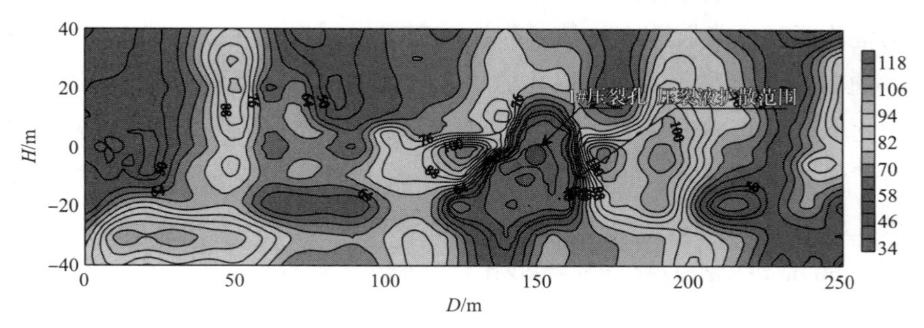

图 4-40　1#压裂孔压裂后顺煤层视电阻率异常场

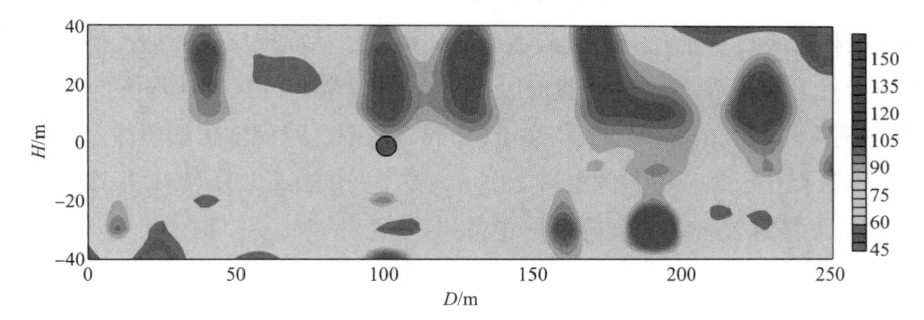

图 4-41　2#压裂孔压裂前顺煤层视电阻率背景场

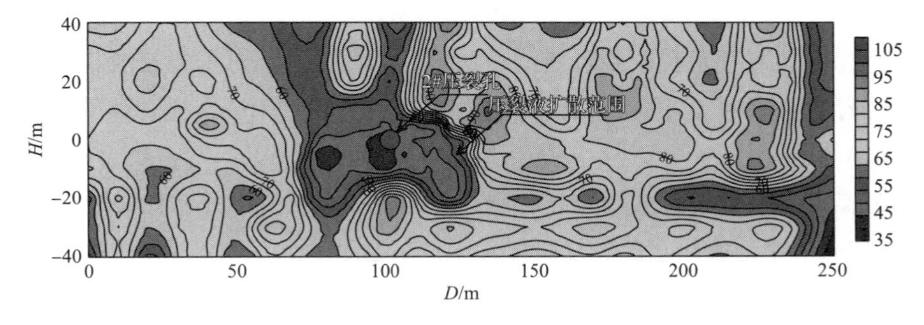

图 4-42　2#压裂孔压裂后顺煤层视电阻率异常场

电阻率进行分析，将视电阻率小于 50 Ω·m 的异常区域作为相对低阻异常带，认为可能含水，推断该低阻异常带是由压裂液扩散引起的，其规模大小代表压裂液的扩散范围。按此原则，圈定了低阻异常的分布范围。1#压裂孔压裂后形成的低阻异常范围较小(左侧最远 28.5 m，右侧最远 10.8 m)，而 2#压裂孔压裂后形成的低阻异常范围较大(左侧最远 27 m，右侧最远 26 m)。

3.打孔验证情况

为检验两种压裂监测方法的可靠性，在水力压裂孔周围专门布置考察观测孔，并通过观测压裂孔两侧考察孔的水压变化情况验证两种方法确定的压裂范围。为此，分别在 1#压裂孔两侧距离压裂孔 30 m 处布置了考 3#和考 4#孔、50 m 处布置了考 2#和考 5#孔、60 m 处布置了考 1#和考 6#孔共 6 个水压观测孔；在 2#压裂孔两侧距离压裂孔 30 m 处布置了考 3#和考 4#孔、50 m 处布置了考 2#和考 5#孔、60 m 处布置了考 1#和考 6#孔共 6 个水压观测孔。观测孔的倾角、方位角、孔径和对应的压裂孔完全一致，孔底见煤 0.2 m 后即终孔，封孔工艺也与压裂孔一样，而且在压裂前将量程为 20 MPa 的水压表安装于观测孔孔口，以此来观测压裂孔压裂过程中孔底位置的水压变化情况，从而根据水压情况推断压裂影响范围半径。实际情况是：压裂时及压裂结束后全部 12 个观测孔的水压均为 0，说明两个压裂孔的压裂半径均小于 30 m。而矿井瞬变电磁法所圈定的异常范围是：1#压裂孔压裂范围左侧最远 28.5 m、右侧 10.8 m，2#压裂孔压裂范围左侧最远 27 m、右侧 26 m，与实际情况相符。

4.6 本章小结

(1) 微震监测技术和矿井瞬变电磁法均是井下煤层水力压裂范围监测的有效方法。应用这两种方法进行综合解释能优势互补、相互验证，提高解释成果的可靠性和精度。

(2) 微震监测的目标多为压裂破裂，定位的震源实际上是初始破裂点，原则上不能代表一个地震的全部破裂面积或体积，因此，由微震震源定位的空间分布描述的压裂影响范围往往比实际偏小，但对主要压裂破裂点的三维空间定位较为准确可靠。

(3)矿井瞬变电磁法具有施工方便、快捷和对低阻体敏感的优点，但在本质上仍属体积勘探方法，由于体积效应的影响，其探测结果往往比实际压裂影响范围偏大，且易受压裂区内及周围金属或含水地质异常体的影响。

第5章　水力压裂后抽采钻孔优化布置工艺

煤矿井下在采取水力压裂增透措施后，需要根据水力压裂后煤层气重新分布的规律，确定煤层气抽采利用的布孔方式，以达到在最小的工程量和最短的时间内，抽出最大量的煤层气的目的，增加煤矿生产和煤层气抽采利用的经济效益和社会效益。

5.1　抽采钻孔优化布置工艺研究

5.1.1　布置原则

水力压裂影响范围确定后，抽采钻孔的布置方式按以下原则进行确定。

(1) 确保水力压裂后不留瓦斯抽采“空白带”。

(2) 由于在一定范围内，钻孔抽采半径与抽采时长成正比，抽采钻孔半径应根据压裂区域的抽采时长确定，即抽采时间越短，抽采钻孔半径越小，抽采时间较长，则钻孔半径可适当增大。

5.1.2　逐步降压巷道防超限瓦斯抽采方法

煤层瓦斯是一种洁净能源，但对煤矿生产而言却是一种灾害源。我国的煤炭赋存地质条件复杂，主要依靠井工开采，随着开采深度的增加，煤层瓦斯含量逐渐增加，煤层瓦斯压力增大，突出的危险性增高，防突难度越来越大。通常采煤工作面瓦斯抽采分别是通过在运输巷和回风巷中向本煤层打顺层钻孔进行抽采。对于透气性较差的煤层通常还需在进行水力压裂增透后再进行抽采，其瓦斯抽采方法是在水力压裂后影响区内均匀施钻多个抽采孔进行抽采。由于没有充分考虑压裂介质的驱替作用，压裂影响区中距离压裂孔某一距离范围内的环形带形成瓦斯浓度和压力显著高于原始浓度和压力的瓦斯聚集区。但现有抽采方法在钻孔过程中没有考虑该瓦斯集中区域，即没有考虑瓦斯浓度增大的影响，因此，在施钻抽采孔时，存在喷钻和瓦斯突出危险。为此，需要对瓦斯抽采工艺进行改进。本书研究了逐步降压的巷道防超限瓦斯抽采方法，该方法通过以压裂孔为中心向外延伸逐步钻孔和抽采的方式，逐渐降低聚集区瓦斯浓度，防止通过巷道抽采时的巷道瓦斯超限，确保抽采安全。该方法原理如图 5-1 所示，实施步骤如下。

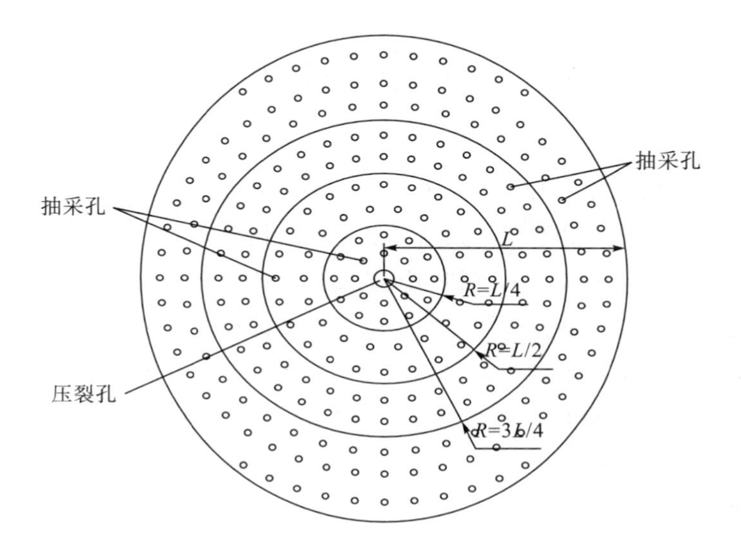

图 5-1　逐步降压巷道防超限瓦斯抽采孔技术原理图

(1) 在压裂孔进行水力压裂增透后，通过压裂孔进行瓦斯抽采，并持续抽采至第一设定时间；

(2) 确定压裂影响区范围和压裂影响区边缘距压裂孔最小距离 L，以及对压裂孔和抽采孔进行至少两次联合抽采的瓦斯联合抽采次数 N；以压裂孔为中心，以 L/N 为递增半径将压裂影响区划分为中心圆形区和多个环形区；

(3) 在上述中心圆形区内施钻多个抽采孔，并对其按抽采要求进行封孔；

(4) 所有抽采孔和压裂孔进行瓦斯联合抽采，并持续抽采至第二设定时间；

(5) 判断已进行的联合抽采次数，当已进行的联合抽采次数小于 N 时，进行下一步；当已进行的联合抽采次数等于 N 时，结束抽采；

(6) 在与上一次联合抽采区域紧邻的环形区域内施钻多个抽采孔，并对增加的抽采孔按抽采要求进行封孔；

(7) 返回第(4)步，直至联合抽采结束。

逐步降压巷道防超限瓦斯抽采方法通过以压裂孔为中心逐步扩大抽采范围，逐渐抽排煤层瓦斯，使瓦斯集聚区的压力和浓度逐步降低，并在每次扩大范围抽采前，施工抽采孔，逐步趋近高压力和高浓度的瓦斯集聚区，可有效避免瓦斯集聚区钻孔施工的喷钻现象，确保瓦斯抽采孔的施钻安全。用于煤层巷道抽采时，该方法可有效减少或消除巷道瓦斯超限隐患。

5.2 压裂后钻孔防喷技术

煤矿瓦斯事故是井下的重大灾害之一，不仅会严重破坏生产环境，而且会造成大量人员伤亡，给企业造成巨大的经济损失。我国大部分煤层赋存条件复杂，易诱发矿井瓦斯灾害事故，严重制约煤矿安全高效生产。为消除煤与瓦斯突出隐患，矿井通常在煤层中钻孔预抽瓦斯。目前井下钻孔主要采用干钻施工工艺，施工过程中会产生大量粉尘，粉尘大量积聚不仅威胁工人身体健康而且可能引起粉尘爆炸。同时，由于煤层瓦斯含量高，钻机钻进过程中大量瓦斯解吸沿钻孔涌出，造成工作面瓦斯积聚，引起瓦斯超限。因此，研制一种既能有效除尘又能防止瓦斯超限的气水渣分离器，对解决煤矿井下施钻问题具有重要意义。

5.2.1 装置结构及工作原理

穿层钻孔在穿过煤层时，由于煤层瓦斯压力大，瓦斯含量高，喷孔严重，瞬间瓦斯释放涌出量大，极易造成瓦斯超限。根据施钻工艺及现场环境，结合操作实际，本书研制发明了一种气水渣分离器，如图 5-2 所示，气水渣分离器主要由瓦斯粉尘捕捉器和气水渣分离桶两部分组成。

该装置使用简便，首先用钻机钻进 1～2 m 距离，退出钻杆，然后将气水渣分离器的捕捉筒套上钻杆，深入钻孔并通过胶囊封孔器(注水密封胶囊)固定。在采用压风排渣方式钻进过程中，钻孔中的粉尘和瓦斯随着压风风流进入瓦斯粉尘捕捉器。其中，风流中的粉尘在捕捉器出渣桩头处经防尘桩头降尘处理，降尘后的气水渣流入气水渣分离桶。由于气水渣中各组分物理性质的差异，瓦斯在气水渣分离桶内上升，打开气水渣分离桶上的排气口阀门，瓦斯经排气口进入瓦斯抽采管道。同时，水渣由于密度较大自然下沉，通过气水渣分离桶内的滑渣板，排出气水渣分离桶外，而水经气水渣分离桶底部出水口排出。如此即可实现气水渣分离，有效降低工作面及回风巷瓦斯、粉尘浓度。

在钻孔施工过程中，将瓦斯粉尘捕捉器安装在孔口，并与气水渣分离桶连接，对切割下来的钻屑、产生的粉尘、涌出的瓦斯采用捕捉器进行收集分离，能够有效防治施钻瓦斯喷孔造成的瓦斯超限等安全事故，同时使穿层预抽钻孔施工地点粉尘浓度得到显著降低，作业环境得到改善，钻进效率得到提高。

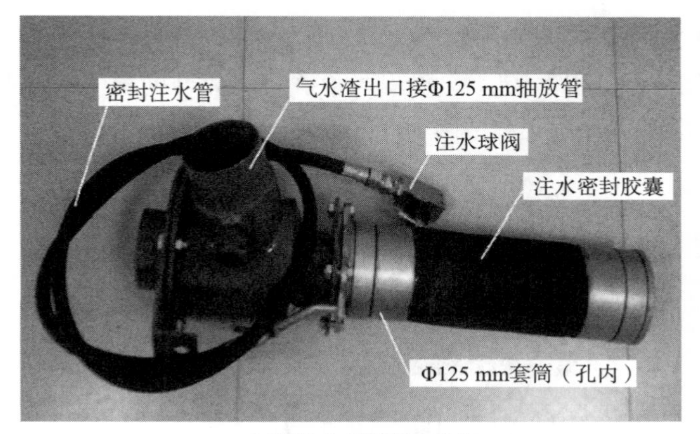

(a)瓦斯粉尘捕捉器实物图

(b)气水渣分离桶实物图

图 5-2　气水渣分离器

5.2.2 现场应用

根据打通一矿生产部署及试验时间安排，选择在 W10#、W201#、W202#、W203#、W8#瓦斯巷进行新型气水渣分离器推广试验，降低瓦斯超限次数，重点考察 W201#瓦斯巷的使用效果。

1.钻孔设计

根据《防治煤与瓦斯突出规定》及打通一矿穿层钻孔抽采半径，钻孔设计图如图 5-3 所示。钻场间距 5 m，一个钻场 9 个孔，钻孔间距 5 m，钻孔终孔于 7#煤层顶板 0.5 m 处，控制旁外范围 18 m。

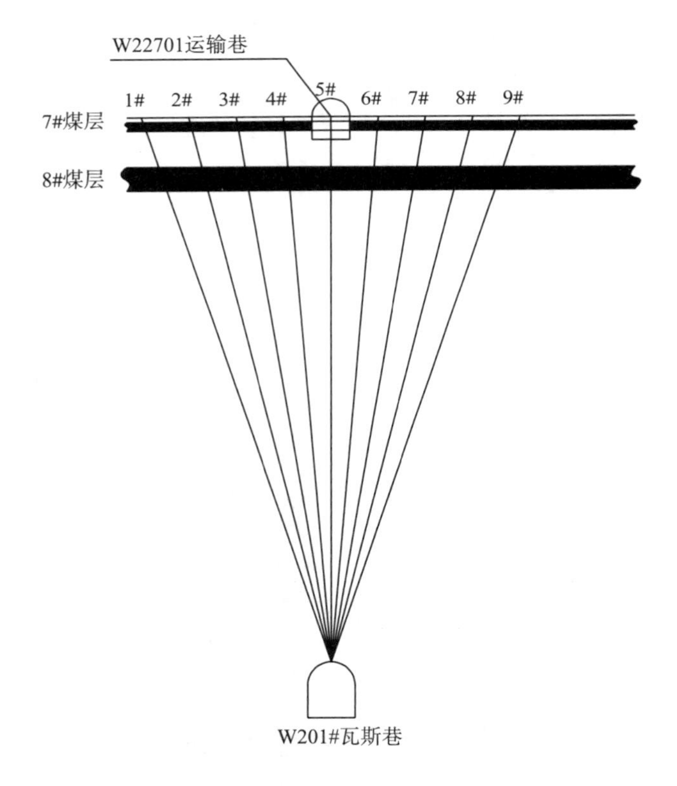

图 5-3 W201#瓦斯巷条带预抽钻孔设计图

施工钻机采用 ZY-750 型钻机(原 ZYG-150C 型)，钻杆采用 Φ50 mm 光面钻杆，钻头采用 Φ75 mm PDC 复合片钻头，扩孔钻头直径 Φ130 mm，扩孔长度 600 mm。排粉工艺采用水排粉方式。

2.施工地点概况

W201#瓦斯巷施工 W22701 对拉工作面运输巷穿层条带预抽钻孔，施钻地点至 7#煤层顶板垂距为 51～59.2 m，钻孔依次穿过 12#、11#、10#、9#、8#、7#煤层，其中，8#、7#煤层均为突出煤层，8#煤层为强突出煤层，煤层平均厚度为 2.5 m，煤层瓦斯压力为 2.4 MPa，瓦斯含量为 20.05 m^3/t。钻孔施工过程中，喷孔严重，施钻地点瓦斯超限频繁，严重威胁矿井生产及人员安全。

5.2.3　试验效果分析

为全面考察新型气水渣分离器试验效果，选择在 W201#瓦斯巷施工条带预抽钻孔进行试验。该巷道采用两台钻机自上而下施工，试验前期，为对比新型气水渣分离器的分离效果，上面一台钻机采用新型气水渣分离器，下面一台钻机采用传统气水渣分离器。考察参数有钻孔穿突出煤层时回风侧的瓦斯浓度以及全面推广后的穿层瓦斯超限次数。

试验分别考察了采用两种气水渣分离器施工穿层钻孔时，穿 8#、7#煤层时钻机回风侧 5 m 范围内的瓦斯浓度，监测设备采用瓦斯监测传感器，悬挂位置均在钻机回风侧 5 m 范围内，距巷道顶部 0.5 m 范围内。W201#瓦斯巷巷道通风断面 7.5 m^2，风量 600 m^3/min，瓦斯浓度 0.06%。考察结果见表 5-1 和表 5-2。

表 5-1　新型气水渣分离器穿煤回风侧瓦斯浓度

钻场号	钻孔号	施工时间	穿煤回风侧最大瓦斯浓度/%		动力现象
			8#煤层	7#煤层	
101#	4	8 月 12 日中	0.28	0.23	无
	5	8 月 12 日中	0.43	0.31	无
	3	8 月 15 日夜	0.52	0.19	8#喷孔
	2	8 月 15 日夜	0.21	0.08	无
	1	8 月 16 日早	0.20	0.17	无

续表

钻场号	钻孔号	施工时间	穿煤回风侧最大瓦斯浓度/%		动力现象
			8#煤层	7#煤层	
101#	6	8 月 16 日中	0.22	0.41	无
	7	8 月 16 日中	0.43	0.32	无
	8	8 月 16 日夜	0.40	0.33	无
	9	8 月 16 日夜	0.35	0.19	无
平均			0.34	0.25	

表 5-2　传统气水渣分离器穿煤回风侧瓦斯浓度

钻场号	钻孔号	施工时间	穿煤回风侧最大瓦斯浓度/%		动力现象
			8#煤层	7#煤层	
47#	4	8 月 15 日中	0.33	0.27	无
	5	8 月 15 日夜	0.51	0.62	无
	3	8 月 16 日中	0.62	0.21	无
	2	8 月 16 日中	0.60	0.54	无
	1	8 月 18 日夜	0.29	0.35	无
	6	8 月 19 日夜	0.09	0.80	轻微喷孔 蛇形管脱落
	7	8 月 21 日夜	0.57	0.22	无
	8	8 月 22 日夜	0.37	0.39	无
	9	8 月 22 日夜	0.78	0.95	堵塞、延时喷孔
平均			0.46	0.48	

由 47#钻场和 101#钻场的测定结果分析可知：采用新型气水渣分离器后，过 8#煤层时，穿煤回风侧最大瓦斯浓度为 0.20%～0.52%，平均为 0.34%；过 7#煤层时，穿煤回风侧最大瓦斯浓度为 0.08%～0.41%，平均为 0.25%；而采用传统气水渣分离器后，过 8#煤层时，穿煤回风侧最大瓦斯浓度为 0.09%～0.78%，平均为 0.46%；过 7#煤层时，穿煤回风侧最大瓦斯浓度为 0.21%～0.95%，平均为 0.48%。初步可认为：采用新型气水渣分离器，有效避免了传统气水渣分离器由于钻屑堵塞引起的喷孔，钻机 5 m 范围内穿煤回风侧平均最大瓦斯浓度分别降低 26%(过 8#煤层)、48%(过 7#煤层)。

打通一矿自 2011 年 7 月开始开展穿层预抽钻孔新型气水渣分离器推广试

验，取得良好效果，有效控制了穿层预抽钻孔瓦斯超限次数；2011 年 8 月全面推广至 W10#、W201#、W202#、W203#、W8#等所有预抽瓦斯巷，效果显著。2011 年 1 月～10 月打通一矿瓦斯超限总次数及穿层钻孔超限次数如图 5-4 所示。

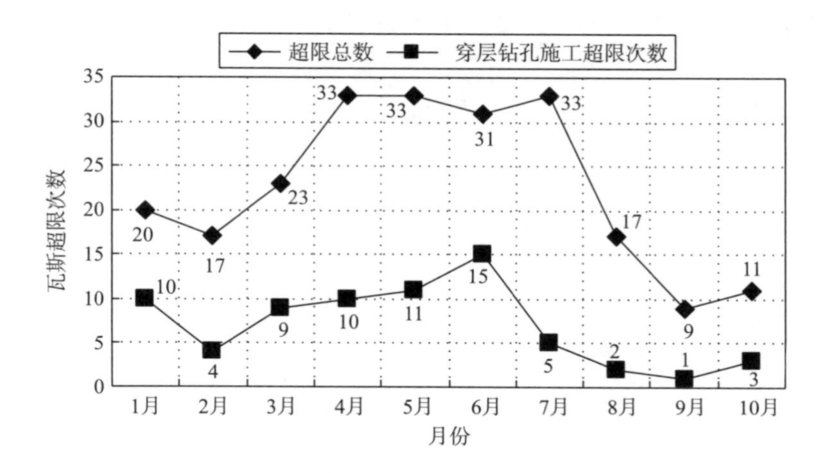

图 5-4 瓦斯超限次数统计

新型气水渣分离器通过改进瓦斯粉尘捕捉器套筒密封性能，实现水渣分离功能、增大气水渣排放通道及收集桶容积，有效解决了传统气水渣分离器由于堵塞导致喷孔的难题。新型气水渣分离器能有效降低施工钻机回风侧的瓦斯浓度，大大减少穿层钻孔瓦斯超限次数。应用结果表明：采用新型气水渣分离器后，钻机回风侧的巷道瓦斯浓度降低 26%～48%，穿层预抽钻孔施工地点瓦斯超限次数由 10 次/月降低至 2 次/月以下，实现了穿层钻孔瓦斯超限次数降低 60%的目标，有效保证了钻孔施工安全。

新型气水渣分离器的成功研制给矿井生产带来了良好的经济效益和社会效益，在矿区具有广泛的推广使用价值。

5.3 本 章 小 结

(1) 针对现有瓦斯抽采方法的钻孔过程中没有考虑瓦斯集中区域，即没有考虑瓦斯浓度增大的影响问题，研究了以压裂孔为中心向外延伸逐步钻孔和抽采的逐步降压巷道防超限瓦斯抽采方法。

(2)研制了一种既能有效除尘又能防止瓦斯超限的气水渣分离器，现场应用结果表明：该装置有效解决了传统气水渣分离器由于堵塞导致喷孔的难题，大大减少穿层钻孔瓦斯超限次数，巷道瓦斯浓度降低 26%～48%，穿层预抽钻孔施工地点瓦斯超限次数由 10 次/月降低至 2 次/月以下。

第 6 章　水力压裂后抽采钻孔快速封孔与排采技术

6.1　压裂后抽采钻孔快速封孔技术

6.1.1　现有封孔技术存在的问题

现有的水力压裂钻孔封孔方式为 PVC 胶管与砂浆结合的封孔方式，其存在如下问题。

(1) PVC 胶管表面较为光滑，埋入孔后不能与砂浆凝固为一个整体，易出现漏气裂缝。

(2) PVC 胶管受温度影响相对较大，埋入孔口段出现热胀冷缩后，易生成漏气裂缝。

(3) PVC 胶管出厂时以圈盘方式成型，在封孔使用时具有弯曲度，容易造成胶管与钻孔孔壁多处接触，导致假注浆现象，形成裂缝。

(4) 钻孔接抽均采用 PVC 胶管，由于该胶管柔韧性差，常将其分割为几段进行连接，连接接头有 3～5 个，用内胎胶皮密封，密封效果差。在高负压状态和施钻巷道潮湿环境下，内胎胶皮在 2 个月左右时出现老化，失去弹性作用，导致钻孔严重漏气。

(5) 现有封孔材料采用水泥砂浆 1∶2 配比，凝固后缩水性达 49%，封孔有效深度达不到要求。

6.1.2　带压快速封孔方式

针对重庆地区现有瓦斯抽采钻孔封堵时，浆液在自由的空间内膨胀凝固，密度小、强度低的问题，通过优化改进“两头堵中间封”的带压快速封孔装置，本书研发了溶剂式封孔器对钻孔进行封堵，以提高瓦斯抽采浓度及增强抽采效果。

该方法是在封孔器送入孔内后，前后两个环型储浆筒将前后进行了封堵，从中间的储浆筒中反应出的两种化学材料只能在两个储浆筒之间的狭小空间内膨胀，从而使化学材料能向孔壁的裂缝中压入，同时增加了反应后的密度，达到快速、高效、低成本封孔的目的。本书研发的溶剂式封孔器结构及实物如图 6-1、图 6-2 所示。

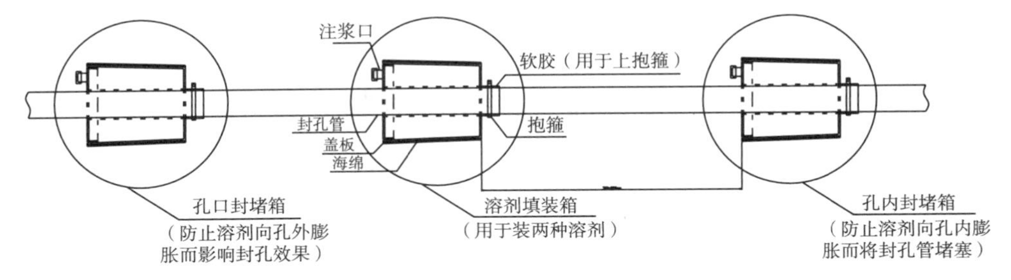

说明：1.岩性较好的地段封孔，采用图示三个填料箱即可，遇地质构造带，可适当增加中间的溶剂填装箱数量。
2.两种溶剂分开填装，一种在地面厂家填装，另一种在井下封孔时填装。

图 6-1 双溶剂封孔器结构示意图

图 6-2 双溶剂封孔器实物图

该封孔装置具备以下优点：

(1) 新型溶剂式封孔装置采用“两头堵中间封”的带压封孔原理，使封孔材料仅能在中间封闭的狭小空间内膨胀，同时向孔壁的裂缝中压入，从而大幅增加了反应后的密度，保证了封孔的气密性；

(2) 该封孔装置在岩孔、煤孔中均适用，且不受钻孔倾角的影响；

(3) 该封孔装置体积小、重量轻，可由钻工随身携带，同时封孔过程非常简单、封孔时间极短(封堵每个钻孔仅需要 3～5 min 即可)，可由施钻人员随钻随封随抽，无须另行安排封孔专业人员及设备、材料运输专业人员；

(4) 该封孔装置有利于对抽采钻孔进行标准化封孔，对封孔现场无任何污染，保证了施钻地点的绿色生产。

溶剂式封孔器施工操作步骤如下：

(1)在封孔管上紧配式套装固定两个环形储浆筒，环形储浆筒的内孔孔壁与封孔管形成密封，灌浆口反向设置，两个环形储浆筒相距设定距离；

(2)通过灌浆口分别向两个环形储浆筒内灌注第一浆料；

(3)通过环形储浆筒的灌浆口分别向两个环形储浆筒内灌注第二浆料，并用旋盖对所述灌浆口进行盖封；

(4)通过封孔管同时晃动两环形储浆筒数次；

(5)将封孔管及两个环形储浆筒置入钻孔的设定内。

在封孔操作的第一步中，两个环形储浆筒的两向端面间距设置为 300～500 mm。

在封孔操作的第四步中，晃动次数一般为 5～10 次。

在封孔准备的步骤中，将环形储浆筒外壁设置为锥形，灌浆口设在锥形的大端。封孔管的置入深度根据现场岩性情况确定。

在石壕煤矿的 N1640 中瓦斯巷、N1640 北瓦斯巷、南五区 1 号瓦斯巷、南四区 5 号瓦斯巷、南五区 4 号瓦斯巷、北三区 10 号瓦斯巷、边界人行(提升)上山和南桐煤矿的-235 m 水平 7506 矽抽巷进行主动承压式封孔技术与装置的应用。根据现场钻孔径向尺寸、储浆筒尺寸、煤岩体强度及裂缝发育情况，优化了储浆筒间距、浆液配合比、反应凝固时间等参数，并进行抽采钻孔合理封孔参数的现场测试。结果显示：采用研发的新型溶剂式封孔器封孔，试验区单孔抽采浓度为 40%～88%，钻场汇总抽采浓度达 50%以上，且连续长时间抽采后浓度基本不衰减，抽采浓度及抽采效果得到了显著提升。

6.2　压裂后排采工艺

在煤矿井下钻孔实施水力压裂后，注入的压裂液是否需要排出，如何进行排出，现在重庆地区各矿井做法不一，缺少理论支撑。本书借鉴煤层气排水降压解吸产气理论和地面煤层气井的排采工艺，采用适合固-气界面的朗缪尔等温吸附理论分析煤矿井下水力压裂后排采工艺，制定合理的保压排水采气制度，为水力压裂后的排水采气提供依据。

6.2.1 压裂后排采影响因素

瓦斯在煤层中主要以吸附状态、游离状态、溶解状态三种方式储集，而吸附状态的瓦斯储量远大于其他两种状态，约占瓦斯储量的 80%～90%。因此对煤层水力压裂后进行瓦斯抽采时，主要需要将吸附状态的瓦斯解吸出来。影响抽采效果的主要因素有以下方面。

(1) 非连续性排采的影响。如果因关井、卡泵、修井等造成排采终止，带来的影响是：地层压力回升，使瓦斯在煤层中被重新吸附，容易产生气锁；回压导致压力波及的距离受限，降压漏斗难以有效扩展；如果因修井导致排采终止，外来物质非常容易对敏感性储层造成伤害，不仅使矿井产气能力大幅下降，还会提高后期排采故障发生率；贾敏效应，即停抽时，近井地带地层压力恢复，煤储层再次被水充填(降压过程中的解吸量小于升压过程中的吸附量)，使得煤层孔道处的流动空间变小，气体流动阻力增大，致使气体不能顺利通过孔道，供气能力不足，产量下降的现象；速敏效应，即排采过程中地层流体携带煤粉流动，停抽可造成流速减小或停滞，煤粉原地沉积堵塞裂缝的现象，其产生的后果为渗透率严重降低，气、水产量快速下降。

(2) 排采强度的影响。煤层气排采需要平稳逐级降压，抽排强度过大带来的影响有如下几个方面：①易引起煤层激动，使裂缝产生堵塞效应，降低渗透率；②降压漏斗得不到充分的扩展，只有井筒附近很小范围内的煤层得到了有效降压和少部分煤层气解吸出来，气井的供气源将受到严重的限制，产气量在达到高峰后由于气的供应不足将很快下降；③使压裂砂返吐，影响压裂效果；④煤粉、颗粒的产出影响泵效，并使泵发生频繁的故障，使作业次数和费用增加。

结合地面煤层气井的煤层气排采工艺与煤矿井下水力压裂后瓦斯抽采的实际情况综合分析，煤矿井下水力压裂后，是否按合理的保压及排采制度执行对瓦斯抽采效果的影响很大。因此本次试验拟在煤矿井下水力压裂增透后，对钻孔进行分组，一部分钻孔不进行保压直接释放压裂液；另一部分钻孔首先进行保压，达到一定时间后，再按不同的方式进行排采，并对比分析不同的排采方式对瓦斯抽采效果的影响程度，最终确定出适用于煤矿井下的最优排采方式。

瓦斯储层煤基质松软易碎，水力压裂后如果降压速度过快，会导致排水产气过程中压裂液返吐，并有煤粉伴随产出，而煤粉黏度较大，极易堵塞渗流通道，甚至出现煤层垮塌；如果降压过慢，泄流半径虽然会增大，但泄流区域内瓦斯解吸速度变慢，导致压降漏斗区域的瓦斯得不到最大限度地解吸。因此，水力压裂完成后，需对其进行一定时间的保压，之后再根据一定的排采制度进行排水产气。

6.2.2　不同排采工艺实施方案

1.钻孔分组

本次试验共对 7 个压裂钻孔进行压裂，为对比不同的保压排采方式对抽采效果的影响，决定将压裂钻孔分为 3 组：1#～3#为第一组；4#～5#为第二组；6#～7#为第三组。

其中，第一组压裂钻孔保压后，将卸压阀直接全部打开，一次性放出压裂液；第二组压裂钻孔保压后，将卸压阀开度打开到一定值对其进行缓慢卸压排水；第三组压裂钻孔不进行保压直接全部释放出压裂液。为准确确定排水流量大小，在卸压阀末端增设一个放水桶，并在放水桶出口安设一块普通水表，通过控制卸压阀开度来控制排水流量大小，排出流速初步确定为 1 m^3/h。

对比三组压裂钻孔及其影响区域内抽采钻孔的瓦斯抽采效果，最终得出最优的保压及排采工艺。

2.保压时长

根据前期的试验情况，结合保压的理论分析，本次试验保压时间暂定为 7 天，即对一、二组压裂孔压裂完成后，对其进行保压 7 天后再进行排采。

3.保压操作流程

保压按以下流程进行操作：

水力压裂→停止压裂泵组→打开回流阀放出压裂管路及压裂泵组中的压裂液→保压 7 天→将卸压阀打开到规定开度释放压裂液进行排采。

6.2.3 排水采气工程实施

1.分组情况

水力压裂完成后，为找出不同排水方式与抽采效果之间的关系，将压裂钻孔分成了三组。其中 1#～3#孔为第一组，压裂完成后关闭旋塞阀一个星期后再缓慢打开旋塞阀排水；4#～5#为第二组，压裂完成后关闭旋塞阀一个星期后一次性打开旋塞阀排水；6#～7#孔为第三组，压裂完成后立即打开旋塞阀进行排水。

2.现场排水情况

1#～3#钻孔关闭旋塞阀一星期后缓慢打开旋塞阀时，最先从孔内喷出一股水流，约 10 min 后逐步变小到拇指粗细，排水速度约为 1 m^3/d，目前已持续 52 天，仍在继续排水，每个钻孔估算排水总量约为 54 m^3。

4#钻孔关闭旋塞阀一星期后直接打开时，孔内开始流水量较小，观察发现已被煤粉堵塞，在对其进行接抽操作时，突然从孔内排出较大一股水流，持续时间约 20 min，之后逐渐变小，估算排出水量 15 m^3，之后排水速度基本与 1#～3#孔相当，约为 1 m^3/d，目前已持续 57 天，估算排水总量约为 72 m^3。

5#钻孔关闭旋塞阀一星期后直接打开时，孔内持续流出筷子粗细的水流，目前已排水 56 天，估算排水总量约为 40 m^3。

6#钻孔压裂完成并打开旋塞阀后，压裂水立刻从孔内喷出，持续 30 min 左右后，返水逐步变小，最终停止返水，估算排水总量约为 20 m^3，从压裂孔内观察发现压裂管内已被煤渣堵塞。

7#压裂孔压裂完成后，打开旋塞阀时，有较大水流从孔内排出，持续约 25 min 时，返水逐步变小至筷子粗细，该孔估算排水总量约为 50 m^3。

各钻孔排水情况见表 6-1。

表 6-1 各压裂钻孔压裂后排水情况表

孔号	压入水量/m^3	旋塞阀关闭时长/d	排水总量/m^3	排水现象
1	489.0	7	约 54	返水基本维持在拇指粗细，比较稳定
2	251.0	8	约 54	返水基本维持在拇指粗细，比较稳定
3	368.0	9	约 54	返水基本维持在拇指粗细，比较稳定

续表

孔号	压入水量/m^3	旋塞阀关闭时长/d	排水总量/m^3	排水现象
4	337.0	8	约 72	返水开始较小，接抽过程中喷出 15 m^3 左右的煤渣水后，水流维持在拇指粗细
5	373.0	7	约 40	返水基本维持在筷子粗细，比较稳定
6	386.0	0	约 20	排水 30 min 左右后逐步变小堵塞
7	367.0	0	约 50	排水 25 min 左右后逐步变小

6.2.4　压裂孔排水情况分析

从现场排水情况可知，将 1#～7#钻孔分成了三组进行是否保压与排水试验，分析表 6-1 可知：第一组钻孔与第二组钻孔均采用了保压一星期的时间，之后打开旋塞阀时，压裂液变成了小股水流持续流出；而第三组钻孔未进行保压，压裂液大量返排一段时间后基本停止。

结合水力压裂的理论及现场实际情况综合分析，造成此情况的主要原因是本次压裂试验的目标煤层为松软突出煤层，压裂后若不进行保压直接释放压裂液，由于内外压差非常大，则返排的压裂液将会携带大量煤渣，从而堵塞孔内压裂管；而保压一星期后，压裂液中所储存的能量已在煤层中重新分布，再打开钻孔旋塞阀时，由于孔内压力已基本下降为 0，因而无论采用缓慢打开还是直接全部打开，均返排出均匀大小的水流，所携带的煤渣量也相对较少，从而使孔内压裂管保持通畅而不被堵塞。

通过在石壕煤矿 N1640 南瓦斯巷进行煤矿井下水力压裂后排采工艺应用研究，对钻孔进行分组，一部分钻孔不进行保压直接释放压裂液；另一部分钻孔首先进行保压，达到一定时间后，再按不同的方式进行排采。对比分析不同的排采方式对瓦斯抽采效果的影响程度，得到了抽采效果随保压时长呈对数关系的结论，最终确定出了适用于重庆地区煤矿井下的最优排采方式：当保压 8～10 d 时，压裂液已在煤层中均匀分布，压裂孔内外压差已基本降低为 0，避免了煤渣堵塞压裂管而影响抽采效果情况的发生。

6.3　本 章 小 结

(1) 在分析了现有封孔技术存在问题的基础上，提出了带压快速封孔方法，并研发了配套的装置及工艺；

(2) 在分析了压裂后排采影响因素的基础上，制定了不同排采工艺实施方案，现场应用结果表明：当保压 8～10 d 时，压裂液已在煤层中均匀分布，压裂孔内外压差已基本降低为 0，避免了煤渣堵塞压裂管而影响抽采效果情况的发生。

参 考 文 献

[1] Sheng M, Li G, Huang Z, et al. Experimental study on hydraulic isolation mechanism during hydra-jet fracturing[J]. Experimental Thermal and Fluid Science, 2013, 44(0): 722-726.

[2] 李志. 苏联水力压裂抽放瓦斯资料[J]. 煤矿安全, 1981(1): 33.

[3] 于忠仁. 水力割缝提高瓦斯抽放率评议会[J]. 煤矿安全, 1982(6): 64-65.

[4] Hubbert M K, Willis D G. Mechanics of hydraulic fracturing[J]. Transactions of Society of Petroleum Engineers of AIME, 1957, 210: 153-168.

[5] Eaton B A. Fracture gradient prediction and its application in oilfield operations[J]. Journal of Petroleum Technology , 1969, 21(10): 1353-1360.

[6] Haimson B, Fairhurst C. In-situ stress determination at great depth by means of hydraulic fracturing[J]. The 11th U. S. Symposium on Rock Mechanics (USRMS), 1969.

[7] Schmidt D R, Zoback M D. Poroelasticity effects in the determination of minimum horizontal principal stress in hydraulic fracturing test-a proposed breakdown equation employing a modified effective stress relation for tensile failure[J]. International Journal of Rock Mechanics and Mining Science and Geomechanics Abstracts, 1989, 26(6): 499-506.

[8] Zhang X, Jeffrey R G, Bunger A P, et al. Initiation and growth of a hydraulic fracture from a circular wellbore[J]. International Journal of Rock Mechanics & Mining Sciences, 2011, 48: 984-995.

[9] Huang J S, Griffiths D V, Wong S W. In situ stress determination from inversion of hydraulic fracture data[J]. International Journal of Rock Mechanics & Mining Sciences, 2011, 48: 476-481.

[10] Hossain M M, Rahman M K, Rahman S S. Hydraulic fracture initiation and propagation: roles of wellbore trajectory, perforation and stress regimes[J]. Journal of Petroleum Science and Engineering, 2000, 27: 129-149.

[11] Anderson G D. Effects of friction on hydraulic fracture growth near unbonded interfaces in rocks[R]. SPE, 1981, 21(1): 21-29.

[12] Martin A N. Crack tip plasticity: a different approach to modeling fracture propagation in soft formations[R]. SPE Annual Technical Conference and Exhibition, 2000.

[13] 陈勉, 陈治喜, 黄荣樽. 大斜度井水压裂缝起裂研究[J]. 中国石油大学学报: 自然科学版, 1995(2): 30-35.

[14] 金衍, 陈勉, 张旭东. 天然裂缝地层斜井水力裂缝起裂压力模型研究[J]. 石油学报, 2006, 27(5): 124-126.

[15] 罗天雨. 水力压裂多裂缝基础理论研究[D]. 成都: 西南石油大学, 2006.

[16] 付永强, 李鹭光, 何顺利. 斜井及水平井在不同构造应力场水力压裂起裂研究[J]. 钻采工艺, 2007, 30(1): 27-30.

[17] 曲占庆, 许江华, 王岩峰, 等. 斜井射孔完井地层破裂压力三维有限元分析[J]. 石油钻探技术, 2007, 35(1): 13-15.

[18] 张广清, 陈勉. 水平井水力裂缝非平面扩展研究[J]. 石油学报, 2005, 26(3): 95-97.

[19] 刘建军, 冯夏庭, 裴桂红. 水力压裂三维数学模型研究[J]. 岩石力学与工程学报, 2003, 22(12): 2042-2046.

[20] 刘洪, 张光华, 钟水清, 等. 水力压裂关键技术分析与研究[J]. 钻采工艺, 2007, 30(2): 49-52.

[21] 冯彦军, 康红普. 水力压裂起裂与扩展分析[J]. 岩石力学与工程学报, 2013(s2): 3169-3179.

[22] 杜春志, 茅献彪, 卜万奎. 水力压裂时煤层缝裂的扩展分析[J]. 采矿与安全工程学报, 2008, 25(2): 231-234.

[23] 程远方, 吴百烈, 李娜, 等. 应力敏感条件下煤层压裂裂缝延伸模拟研究[J]. 煤炭学报, 2013, 38(9): 1634-1639.

[24] 魏宏超, 乌效鸣, 李粮纲, 等. 煤层气井水力压裂同层多裂缝分析[J]. 煤田地质与勘探, 2012(6): 20-23.

[25] 黄荣撙. 水力压裂裂缝的起裂和扩展[J]. 石油勘探与开发, 1982(5): 62-74.

[26] 张国华. 本煤层水力压裂致裂机理及裂隙发展过程研究[D]. 阜新: 辽宁工程技术大学, 2003.

[27] 张国华, 魏光平, 侯凤才. 穿层钻孔起裂注水压力与起裂位置理论[J]. 煤炭学报, 2007, 32(1): 52-55.

[28] 卢义玉, 贾云中, 汤积仁, 等. 非均匀孔隙压力场导向水压裂缝扩展机制[J]. 东北大学学报(自然科学版), 2016, 37(7): 1028-1033.

[29] 程亮. 薄及中厚软煤层水力压裂煤岩损伤机理及瓦斯运移规律[D]. 重庆: 重庆大学, 2016.

[30] 程亮, 卢义玉, 葛兆龙, 等. 倾斜煤层水力压裂起裂压力计算模型及判断准则[J]. 岩土力学, 2015(2): 444-450.

[31] 申晋, 赵阳升, 段康廉. 低渗透煤岩体水力压裂的数值模拟[J]. 煤炭学报, 1997(6): 580-585.

[32] Bell G J, Jones A H, Morales R H, et al. Coal seam hydraulic fracture propagation on a laboratory scale[A]. Proceedings International Coal-Bed Methane Symposium, 1989: 417-425.

[33] Abass H H. Mathematical and experimental simulation of hydraulic fracturing in shallow coal seams[J]. SPE23452, 1991.

[34] Hanson M E, Anderson G D, Shaffer R J, et al. Some effects of stress, friction and fluid flow on hydraulic fracturing[J]. SPE9831, 1981.

[35] Van Den Hoek P J, Van Den Berg J T M, Shlyapobersky J. Theoretical and experimental investigation of rock dilatancy near the tip of a propagating hydraulic fracture[C]//International Journal of Rock Mechanics and Mining Sciences & Geomechanics Abstracts. Pergamon: 1993, 30(7): 1261-1264.

[36] Casas L, Miskimins J, Black A, et al. Laboratory hydraulic fracturing test on a rock with artificial discontinuities[C]// Society of Petroleum Engineers, 2006.

[37] EI Rabaa W. Experimental study of hydraulic fracture geometry initiated from horizontal well[R]. SPE19720, 1989.

[38] Abass H H, Hedayati S, Meadows D L. Nonplanar fracture propagagtion from a horizontal wellbore: experimental study[R]. SPE 24823, 1992.

[39] Van De Ketteru R G , De Pater C J. Experimental study on the impact of perforation on hydraulic fracture tortuosity[R]. SPE38149, 1997.

[40] 陈勉, 庞飞, 金衍. 大尺寸真三轴水力压裂模拟与分析[J]. 岩石力学与工程学报, 2000(S1): 868-872.

[41] 赵益忠, 曲连忠, 王幸尊, 等. 不同岩性地层水力压裂裂缝扩展规律的模拟实验[J]. 中国石油大学学报: 自然科学版, 2007, 31(3): 63-66.

[42] 周健, 陈勉, 金衍, 等. 裂缝性储层水力裂缝扩展机理试验研究[J]. 石油学报, 2007, 28(5): 109-113.

[43] 王国庆, 谢兴华, 速宝玉. 岩体水力劈裂试验研究[J]. 采矿与安全工程学报, 2006, 23(4): 480-484.

[44] 姜浒, 陈勉, 张广清, 等. 定向射孔对水力裂缝起裂与延伸的影响[J]. 岩石力学与工学报, 2009, 28(7): 1321-1326.

[45] 程远方, 徐太双, 吴百烈, 等. 煤岩水力压裂裂缝形态实验研究[J]. 天然气地球科学, 2013, 24(1): 134-137.

[46] 黄炳香. 煤岩体水力致裂弱化的理论与应用研究[J]. 煤炭学报, 2010(10): 1765-1766.

[47] 程庆迎. 低透煤层水力致裂增透与驱赶瓦斯效应研究[D]. 徐州: 中国矿业大学, 2012.

[48] 杜春志. 煤层水压致裂理论及应用研究[D]. 徐州: 中国矿业大学, 2008.

[49] 蔺海晓, 杜春志. 煤岩拟三轴水力压裂实验研究[J]. 煤炭学报, 2011, 36(11): 1801-1805.

[50] 杨焦生, 王一兵, 李安启, 等. 煤岩水力裂缝扩展规律试验研究[J]. 煤炭学报, 2012, 37(1): 73-77.

[51] 靳钟铭, 弓培林, 靳文学. 煤体压裂特性研究[J]. 岩石力学与工程学报, 2002, 21(1): 70-72.

[52] 邓广哲, 王世斌, 黄炳香. 煤岩水压裂缝扩展行为特性研究[J]. 岩石力学与工程学报, 2004, 23(20): 3489-3493.

[53] 林柏泉, 孟杰, 宁俊, 等. 含瓦斯煤体水力压裂动态变化特征研究[J]. 采矿与安全工程学报, 2012, 29(1): 106-110.

[54] 张小东, 张鹏, 刘浩, 等. 高煤级煤储层水力压裂裂缝扩展模型研究[J]. 中国矿业大学学报, 2013, 42(4): 573-579.

[55] 黄炳香, 程庆迎, 刘长友. 裂隙水压力对煤岩体细观结构破坏分析[J]. 湖南科技大学学报(自然科学版), 2009, 24(1): 1-4.

[56] Chuprakov D A, Akulich A V, Siebrits E, et al. Hydraulic-fracture propagation in a naturally fractured reservoir[J]. SPE Production & Operations, 2011, 26(01): 88-97.

[57] Olson J E. Multi-fracture propagation modeling: applications to hydraulic fracturing in shales and tight gas sands[C]. The 42nd US rock mechanics symposium (USRMS). American Rock Mechanics Association, 2008: 1-8.

[58] 师访, 高峰, 杨玉贵. 正交各向异性岩体裂缝扩展的扩展有限元方法研究[J]. 岩土力学, 2014(4): 1203-1210.

[59] 李根, 唐春安, 李连崇. 水岩耦合变形破坏过程及机理研究进展[J]. 力学进展, 2012, 42(5): 593-619.

[60] 李连崇, 唐春安, 杨天鸿, 等. FSD 耦合模型在多孔水压致裂试验中的应用[J]. 岩石力学与工程学报, 2004, 23(19): 3240-3244.

[61] 赵益忠, 程远方, 曲连忠, 等. 水力压裂动态造缝的有限元模拟[J]. 石油学报, 2007, 28(6): 103-106.

[62] 唐书恒, 朱宝存, 颜志丰. 地应力对煤层气井水压裂缝发育的影响[J]. 煤炭学报, 2011, 36(1): 65-69.

[63] Lu Y Y, Song C P, Jia Y Z, et al. Analysis and numerical simulation of hydro fracture crack extension in coal-rock bed[J]. CMES, 2015, 105(1): 69-86.

[64] 宋晨鹏. 煤矿井下多孔联合压裂缝控制方法研究[D]. 重庆: 重庆大学, 2015.

[65] 杨天鸿, 谭国焕, 唐春安, 等. 非均匀性对岩石水压致裂过程的影响[J]. 岩土工程学报, 2002, 24(6): 724-728.

[66] 连志龙, 张劲, 吴恒安, 等. 水力压裂扩展的流固耦合数值模拟研究[J]. 岩土力学, 2008, 29(11): 3021-3026.

[67] 郭保华. 单孔岩样水压致裂的数值分析[J]. 岩土力学, 2010, 31(6): 1965-1970.

[68] 赵延林, 曹平, 汪亦显, 等. 裂隙岩体渗流-损伤-断裂耦合模型及其应用[J]. 岩石力学与工程学报, 2008, 27(8): 1634-1643.

[69] 张广清, 陈勉, 赵艳波. 新井定向射孔转向压裂缝起裂与延伸机理研究[J]. 石油学报, 2008, 29(1): 116-119.

[70] Hardy H R. Acoustic emission/microseismic activity in geologic structures and materials[M]. Zurich: Trans Tech Publications, 1984.

[71] 姜福兴, 王存文, 杨淑华, 等. 冲击地压及煤与瓦斯突出和透水的微震监测技术[J]. 煤炭科学技术, 2007, 35(1): 26-28.

[72] 刘杰. 特厚煤层综放工作面围岩运动的微地震监测[J]. 矿业安全与环保, 2008, 35(1): 44-46.

[73] 李雪, 赵志红, 荣军委. 水力压裂裂缝微地震监测测试技术与应用[J]. 油气井测试, 2012, 21(3): 43-45.